Wissenschaftliche Taschenbücher

WTB

Mathematik · Physik

Wilhelm Kämmerer

Kybernetik

THEORIA CUM PRAXI

Akademie-Verlag · Berlin

WTB Wissenschaftliche Taschenbücher

Reihe BIOLOGIE

HANS BERGNER
Tierernährung

HELMUT FRIEMEL / JOSEF BROCK
Grundlagen der Immunologie

HELLMUTH GÄBLER
Forstschutz

HEINZ GEILER
Ökologie der Land- und Süßwassertiere

PAUL HOFFMANN
Photosynthese

EBERHARD HOFMANN
Eiweiße und Nucleinsäuren als biologische Makromoleküle
Dynamische Biochemie, Teil I

EBERHARD HOFMANN
Enzyme und energiebereitstellende Reaktionen des Stoffwechsels
Dynamische Biochemie, Teil II

EBERHARD HOFMANN
Der Stoffwechsel lebendiger Systeme und seine Regulation
Dynamische Biochemie, Teil III

EBERHARD HOFMANN
Grundlagen der Molekularbiologie und Regulation des Zellstoffwechsels
Dynamische Biochemie, Teil IV

FRIEDRICH JACOB
Bewegungsphysiologie der Pflanzen

GERHARD LERCH
Pflanzenökologie

JOACHIM NITSCHMANN
Entwicklung bei Mensch und Tier

HANS-WERNER NOLTE
Pflanzenschutz in der Landwirtschaft

KLAUS ODENING
Parasitismus

ALFRED PALISSA
Bodenzoologie in Wissenschaft, Naturhaushalt und Wirtschaft

MARTIN SCHMIDT
Pflanzenschutz im Gartenbau

ULRICH SEDLAG
Biologische Schädlingsbekämpfung

LUDWIG SPANNHOF
Zellen und Gewebe der Tiere

GÜNTER TEMBROCK
Grundlagen des Tierverhaltens

GÜNTER TEMBROCK
Biokommunikation
Informationsübertragung im biologischen Bereich
Teil I und II

EBERHARD TEUSCHER
Pharmakognosie
Teil I und II

REGINE WITKOWSKI
FALKO H. HERRMANN
Einführung in die klinische Genetik

GERALD WOLF
Neurobiologie

Reihe CHEMIE

HANS-MARTIN BARCHET
Chemie photographischer Prozesse

ULRICH BEHRENS
MANFRED RINGPFEIL
Mikrobielle Polysaccharide

ROLF BORSDORF
MANFRED SCHOLZ
Spektroskopische Methoden in der organischen Chemie

HANS DAWCZYNSKI
Temperaturbeständige Faserstoffe aus organischen Polymeren

HANS DAWCZYNSKI
Temperaturbeständige Faserstoffe aus anorganischen Polymeren

WERNER DÖPKE
Stereochemie organischer Verbindungen

MARTIN FINKE / WALTER LEIPNITZ
Moderne Methoden der Erdölanalyse

ERICH GUNDERMANN
Chemie und Technologie des Braunkohlenteers

WERNER HABERDITZL
Magnetochemie

SIEGFRIED HAUPTMANN
Über den Ablauf organisch-chemischer Reaktionen

HORST KEHLEN / FRANK KUSCHEL
HORST SACKMANN
Grundlagen der chemischen Kinetik

GERHARD KEMPTER
Struktur und Synthese von **Vitaminen**

PETER KRUMBIEGEL
Isotopieeffekte

KLAUS KÜHNE
Werkstoff Glas

DIETER MERKEL
Riechstoffe

DIETER ONKEN
Steroide

BURKART PHILIPP
GERHARD REINISCH
Grundlagen der makromolekularen Chemie

JOACHIM RIEMER
Quantitative organische Mikroanalyse

ROLF SCHÖLLNER
Die Oxydation organischer Verbindungen mit Sauerstoff

WOLFGANG WAGNER
Chemische Thermodynamik

GÜNTHER WAGNER
HANS KÜHMSTEDT
Pharmazeutische Chemie

Reihe MATHEMATIK / PHYSIK

HANS BANDEMER
ANDREAS BELLMANN
WOLFHART JUNG / KLAUS RICHTER
Optimale Versuchsplanung

FRANK BEICHELT
Prophylaktische Erneuerung von Systemen

DIETRICH BENDER
ERNST-EGON PIPPIG
Einheiten, Maßsysteme, SI

WOLFRAM BRAUER
HANS-WALDEMAR STREITWOLF
Theoretische Grundlagen der Halbleiterphysik

SIEGFRIED BREHMER
Einführung in die Maßtheorie

FERDINAND CAP
Einführung in die Plasmaphysik
I. Theoretische Grundlagen
II. Wellen und Instabilitäten
III. Magnetohydrodynamik

JOHN CUNNINGHAM
Vektoren

GEORG DAUTCOURT
Relativistische Astrophysik

K. CH. DELOKAROV
Relativitätstheorie und Materialismus

ALBERT EINSTEIN
Grundzüge der Relativitätstheorie

ALBERT EINSTEIN
Über die spezielle und die allgemeine Relativitätstheorie

HANNELORE FISCHER
JOACHIM PIEHLER
Modellsysteme der Operationsforschung

ALFRED FRIESER
Mikrowellenmeßtechnik

W. L. GINSBURG
Über Physik und Astrophysik

HERBERT GOERING
Elementare Methoden zur Lösung von Differentialgleichungsproblemen

MICHAEL GÖSSEL
Angewandte Automatentheorie
Band I und II

MICHAEL GÖSSEL
Wahrscheinlichkeitsautomaten und Zufallsfolgen

E. G. GOLSTEIN
Konvexe Optimierung

HELMUT HESS
Der elektrische Durchschlag in Gasen

WILHELM KÄMMERER
Kybernetik — eine Einführung auf naturwissenschaftlicher Grundlage

V. I. KARPMAN
Nichtlineare Wellen in dispersiven Medien

ULRICH KAUSMANN
KLAUS LOMMATZSCH
FRANTIŠEK NOŽIČKA
Lineare parametrische Optimierung

VOLKER KEMPE
Theorie stochastischer Systeme

VOLKER KEMPE
Analyse stochastischer Systeme
Teil I

A. R. KESSEL
Akustische Kernresonanz

HEINRICH KINDLER
Der Regelkreis

DIETER KLAUA
Elementare Axiome der Mengenlehre
Einführung in die
Allgemeine Mengenlehre I

DIETER KLAUA
Grundbegriffe der axiomatischen Mengenlehre
Teil 1 und 2
Einführung in die
Allgemeine Mengenlehre II

DIETER KLAUA
Kardinal- und Ordinalzahlen
Teil 1 und 2
Einführung in die
Allgemeine Mengenlehre III

DIETER KÖNIG / DIETRICH STOYAN
Methoden der Bedienungstheorie

KONRAD KREHER
Festkörperphysik

JEAN KUNTZMANN
Unendliche Reihen

JEAN KUNTZMANN
Systeme von Differentialgleichungen

JEAN KUNTZMANN
Komplexe Veränderliche

WOLFGANG MEILING
Kernphysikalische Elektronik

PETER PAUFLER / DIETER LEUSCHNER
Kristallographische Grundbegriffe der Festkörperphysik

HARRY PAUL
Lasertheorie
Teil I und II

HARRY PAUL
Nichtlineare Optik
Teil I und II

WOLFGANG PAULI
Vierpoltheorie und ihre Anwendung auf elektronische Schaltungen

HARRY PFEIFER
Theorie linearer Bauelemente
Elektronik für den Physiker I

HARRY PFEIFER
Die Elektronenröhre
Elektronik für den Physiker II

HARRY PFEIFER
Schaltungen mit Elektronenröhren
Elektronik für den Physiker III

HARRY PFEIFER
Leitungen und Antennen
Elektronik für den Physiker IV

HARRY PFEIFER
Mikrowellenelektronik
Elektronik für den Physiker V

HARRY PFEIFER
Halbleiterelektronik
Elektronik für den Physiker VI

HARRY PFEIFER / W. HEINK
Schaltungen mit Transistoren
Elektronik für den Physiker VII

ULRICH RÖSEBERG
Determinismus und Physik

J. A. ROSANOW
Wahrscheinlichkeitstheorie

WOLFGANG SCHÄFER
Theoretische Grundlagen der Stabilität technischer Systeme

ERNST SCHMUTZER
Symmetrien und Erhaltungssätze der Physik

I. S. SHELUDEW
Elektrische Kristalle

N. D. SHEWANDROW
Die Polarisation des Lichtes

L. A. SKORNJAKOW
Elemente der Verbandstheorie

A. A. SMIRNOW
Metallphysik

A. S. SONIN / N. A. STRUKOW
Einführung in die Ferroelektrizität

HANS-JÜRGEN TREDER
Elementare Kosmologie

J. F. VINSON
Optische Kohärenz in der klassischen Theorie und in der Quantentheorie

TEXTE UND STUDIEN

D. M. BRINK
Kernkräfte

STEPHEN G. BRUSH
Kinetische Theorie
Teil I und II

Festkörperphysik
Entwicklungstendenzen und Anwendungsmöglichkeiten

D. TER HAAR
Quantentheorie

W. R. Hindmarsh
Atomspektren

J. H. Sanders
Die Lichtgeschwindigkeit

Gustav E. R. Schulze
Beiträge zur Entwicklung der Metallphysik

R. A. R. Tricker
Die Beiträge von Faraday und Maxwell zur Elektrodynamik

R. A. R. Tricker
Frühe Elektrodynamik

Vorschau auf die nächsten Bände:

Werner Dück
Diskrete Optimierung

Herbert Goering
Asymptotische Methoden zur Lösung von Differentialgleichungen

Dieter Kress
Theoretische Grundlagen der Signal- und Informationsübertragung

Dierck-Ekkehard Liebscher
Relativitätstheorie mit Zirkel und Lineal

Dieter Spaar
Hans-Joachim Müller
Helmut Kleinhempel
Klaus Neumann
Bakteriosen der Kulturpflanzen

WTB

BAND 155

Wilhelm Kämmerer

Kybernetik

Eine Einführung auf naturwissenschaftlicher Grundlage

Mit 66 Abbildungen

AKADEMIE-VERLAG · BERLIN

Reihe MATHEMATIK UND PHYSIK

Herausgeber:
Prof. Dr. phil. habil. W. Holzmüller, Leipzig
Prof. Dr. phil. habil. A. Lösche, Leipzig
Prof. Dr. phil. habil. H. Reichardt, Berlin
Prof. Dr. phil. habil. K. Schröder, Berlin
Prof. Dr. phil. habil. K. Schröter, Berlin
Prof. Dr. rer. nat. habil. H.-J. Treder, Potsdam

Verfasser:
Prof. Dr. Wilhelm Kämmerer, Jena

1977
Erschienen im Akademie-Verlag,
108 Berlin, Leipziger Straße 3—4

Lizenznummer: 202 · 100/407/77
Herstellung: VEB Druckhaus „Maxim Gorki", 74 Altenburg
Bestellnummer: 762 037 0 (7155) · LSV 1094
Printed in GDR
DDR 8,— M

Vorwort

Das vorliegende Buch will dem Leser einen ersten Überblick über die für die Kybernetik zentralen Probleme vermitteln und ihn instand setzen, kybernetische Arbeiten zu verstehen.

Nun ist eine auf der Basis der exakten Naturwissenschaften dargebotene Einführung in die Grundbegriffe und die Denkweise dieser Wissenschaft nicht ohne eine gewisse Verwendung der formalen Sprache Mathematik möglich. Es bleibt jedoch der mathematische Aufwand hier auf ein Mindestmaß beschränkt, zumal es nicht Anliegen dieses Buches ist, fachspezifische Verfahren zu vermitteln. So erfordert es keine besonderen Vorkenntnisse.

Die Frage nach den Anwendungen steht nicht zentral im Rahmen der Betrachtungen. Da sich diese auf fast allen technischen und wissenschaftlichen und auch auf vielen soziologischen Bereichen abzeichnen, müßte ihre Gesamtbehandlung den Rahmen der vorliegenden Einführung sprengen.

Das Wort „*Kybernetik*“ wird nicht einheitlich gebraucht. Derzeiten haben sich im wesentlichen zwei verschiedene Auffassungen herausgebildet. Die engere Fassung beschränkt die Kybernetik auf die Untersuchung der sich in Organismen abspielenden Steuerungsprozesse und betrachtet diese in Analogie zu Steuerungen in technischen Einrichtungen. Davon abgesetzt ist die andere Richtung, die in einer entsprechenden Weise, wie sich die Physik auf der Grundkategorie „Energie“ aufbaut, von dem Begriff „Information“ ausgeht und Darstellung, Speicherung und Verarbeitung von Informationen als ihr Arbeitsgebiet ansieht. Die dem vorliegenden Buch zugrunde liegende Auffassung umschließt beide Bereiche und versteht die Kybernetik als die Wissenschaft von den allgemeinen Gesetzen der Informationsumwandlung, die dabei als wesentlicher Aspekt bei Steuerungsprozessen und bei der Datenverarbeitung angesehen wird. Im Vordergrund der nachfolgenden Betrachtungen stehen System-, Regelungs-, Informations- und Spieltheorie.

Herrn Dr. sc. nat. MICHAEL GÖSSEL und Frau Dr. med. HELGA KÄMMERER bin ich für ihre Bereitschaft zu einer kritischen Durchsicht des Manuskripts Dank schuldig. Ihre wertvollen Hinweise und klärenden Diskussionen haben zum Gelingen des Buches wesentlich beigetragen. Ihnen sei an dieser Stelle gedankt.

Jena, im Januar 1977

W. KÄMMERER

Inhaltsverzeichnis

1. Einleitung

Kybernetik ist eine noch junge Wissenschaft, die in unseren Tagen entstanden ist. Man mag dem entgegenhalten, daß manche der ihr eigentümlichen Probleme und Gedanken in verschiedenen Formen weit in die Vergangenheit zurückreichen, daß sie nur eine Wiederbelebung von Vorstellungen und Versuchen sei, um die man sich schon im Altertum, insbesondere aber im 17. und 18. Jahrhundert bemühte. Nun waren solche Versuche zwar kühne Vorstöße in Neuland; der Erfolg war ihnen jedoch versagt, da die allgemeine Entwicklung für ihre Realisierung noch nicht reif war: Sie blieben Wunsch und Traum. Demgegenüber haben die Naturwissenschaften und die Technik gegenwärtig einen Stand erreicht, aus dem heraus sich die Kybernetik mit Notwendigkeit entwickelte.

Ein ständig ansteigender Strom neuer Erkenntnisse zwang zu einer fortschreitenden Spezialisierung der Fachkräfte. Gleichzeitig verlagerten sich die Aufgaben schwerpunktmäßig in die Grenzgebiete der traditionellen Wissenschaften und erforderten zu ihrer Lösung den Problemspezialisten. Dies führt, da der einzelne Fachspezialist überfordert ist, einerseits zur kollektiven Arbeit, andererseits aber auch zur Suche nach einem Brückenschlag, nach einer wissenschaftlichen Disziplin, die das Gemeinsame scheinbar getrennter Bereiche sichtbar, überschaubar und damit einer Behandlung zugängig werden ließe. So entstanden auf vielen Gebieten Strömungen, die aufeinander zuliefen, die auf eine Vereinheitlichung, auf eine Zusammenfassung drängten. Es bedurfte nur des entscheidenden Anstoßes: Diesen gab das von dem amerikanischen Mathematiker Norbert Wiener 1948 herausgegebene Buch [1].

Norbert Wiener war an der Entwicklung großer Rechenmaschinen und später an Aufgaben zur Verbesserung der Flugabwehr beteiligt und hatte so Erfahrungen über die Wechselwirkungen von Regelungstechnik, Nachrichtentechnik, Informationstheorie und Rechenautomatentechnik gesammelt. Dabei hatte er schon zuvor in der Zusammenarbeit mit einer Gruppe meist jüngerer Mediziner der Harvard Medical School, zu der er auch Physiker, Mathematiker und andere Naturwissenschaftler herangezogen hatte, Anregungen zur kollektiven Arbeit gewinnen können.

Zwar hatten schon andere Wissenschaftler auf die Parallelen zwischen Biologie, Psychologie und Technik hingewiesen und diese Analogien beschrieben. Das Verdienst Norbert Wieners jedoch ist, als erster eine Theorie dieser Gemeinsamkeiten dargeboten zu haben.

In dem vorliegenden Buch soll die Kybernetik in ihren wesentlichen Zügen aus der Sicht der exakten Naturwissenschaften betrachtet werden. Man beachte, daß sich „exakt“ auf die Beschreibungen bezieht: Es sind exakte Beschreibungen nicht etwa der Wirklichkeit selbst, vielmehr der Modelle, deren sich diese Wissenschaften bedienen.

In den folgenden Betrachtungen zur Kybernetik treten vier Aspekte in den Vordergrund:

Der *Systemaspekt*, er ist dominierend; eng verbunden mit ihm sind der *Regelungsaspekt* und der *Informationsaspekt*. Die Stabilität eines Systems basiert auf Regelung und diese wiederum setzt den Austausch von Informationen zwischen Teilen des Systems voraus. Schließlich tritt bei großen Systemen — sie lassen sich vielfach als Zusammenspiel mehrerer Teilsysteme auffassen — der *spieltheoretische Aspekt* hinzu.

Daß die Kybernetik das Interesse breitester Kreise gefunden hat, ist darauf zurückzuführen, daß die von ihr ausgehenden Erkenntnisse und deren Anwendungen zu

Auswirkungen führen, die in das tägliche Leben fast jedes Menschen eingreifen. Ein Übriges taten wohl noch gewisse auf Sensation ausgerichtete Veröffentlichungen, die der Kybernetik einerseits phantastische Perspektiven zulegten, anderseits ihr furchterregende Möglichkeiten anhängten. Inzwischen hat sich dieser Überschwang gelegt; auch um die gelegentlich leidenschaftlich geführte Ablehnung der Kybernetik als Wissenschaft, zu der einige Vertreter angrenzender Disziplinen veranlaßt zu sein vermeinten, da sie den Gegenstand kybernetischer Forschung schon in der von ihnen vertretenen Wissenschaft integriert sahen, ist es still geworden.

Wie mit allen neuen wissenschaftlichen Erkenntnissen hat sich auch die Philosophie und Gesellschaftswissenschaft mit Fragen der Kybernetik auseinandersetzen müssen, um sie in das allgemeine Weltbild aufzunehmen und Einklang mit der gesellschaftlichen Problematik zu gewinnen [2]. Dies war um so leichter und vollständig dort zu erreichen, wo progressiven Vorstellungen keine idealistisch verankerte Schranken gegenüberstanden. Philosophische Erörterungen und historische Hinweise liegen jedoch nicht in dem vorgesehenen engen Rahmen dieses Buches. Es wendet sich an einen breiten Leserkreis und stellt demzufolge keine besondere Voraussetzungen hinsichtlich spezieller Vorkenntnisse; erwartet wird von dem Leser nur eine unvoreingenommene Bereitschaft, die dargelegten Fakten aufzunehmen, auch wenn dabei gewisse alteingeprägte Vorstellungen aufgegeben werden müssen: Die Entwicklung naturwissenschaftlicher Erkenntnisse ist eben vielfach mit einer Desillusionierung verbunden [3]. Manche vertraute Vorstellung muß eingetauscht werden gegen ein nüchternes Bild der Umwelt, wenn dieses besser die Möglichkeit zu einer effektiven Vorhersage bietet, die letzthin allein der Menschheit einen Weg in die Zukunft offenhält.

Das Wort „Kybernetik“ wird nicht einheitlich gebraucht. Derzeitig haben sich im wesentlichen zwei verschiedene Definitionen herausgebildet. Die engere Fassung beschränkt die Kybernetik auf die Untersuchung der sich in lebenden Organismen abspielenden Steuerungsprozesse und betrachtet diese in Analogie zu Steuerungen in technischen Einrichtungen. Davon abgesetzt sind die amerikanische Studienrichtung „Computer Science" und ihr deutsches Pendant „Informatik"; sie gehen als Wissenschaft von der „Information" aus, etwa in der gleichen Weise, wie sich die Physik auf der Grundkategorie „Energie" aufbaut, und untersuchen Darstellung, Speicherung und Verarbeitung von Informationen in einer Umgebung, die den Einsatz automatischer Informationssysteme erlaubt. Eine allgemeinere Definition umfaßt beide Bereiche und versteht die Kybernetik als eine Wissenschaft von den allgemeinen Gesetzen der Informationsumwandlung, die dabei als wesentlicher Aspekt in den Steuerungsprozessen und bei der Datenverarbeitung angesehen wird. Diese Auffassung macht sich auch das vorliegende Buch zu eigen:

Gegenstand der Kybernetik sind dynamische Systeme, die durch einen spezifischen Abstraktionsprozeß aus real existierenden Systemen gewonnen werden können, wobei in vielen Fällen eine diskrete Darstellungsform bevorzugt wird.

Der zu kybernetischen Systemen führende schöpferische Prozeß kann analog zur Entwicklung der Geometrie gesehen werden, bei der aus realen Objekten der Vermessungspraxis die abstrakten Strukturen wie Punkt, Gerade, Dreieck, Ebene usw. erwuchsen und damit die für die Geometrie als Wissenschaft charakteristischen Begriffe bieten. Bei diesen Begriffen ist die Geometrie jedoch nicht stehengeblieben; sie hat zu Erweiterungen gegriffen, denen zunächst keine erkannte Realität in der Umwelt entsprach, indem sie beispielsweise die nichteuklidische Geometrie oder mehrdimensionale Räume mit einer Dimension größer 3 schuf.

Ein ähnlicher Prozeß zeichnet sich auch bei der Kybernetik ab, so beispielsweise, wenn der Begriff eines partiellen Automaten geschaffen wird, d. h. eines Automaten, dessen

Verhalten nicht für alle Eingangswerte und (oder) Zustandswerte definiert ist. Einem solchen Automaten kommt in unserer realen Welt keine Existenz zu, da jedes System auf jeden Eingang irgendwie reagiert, und sei es auch nur durch die „Reaktion", daß nichts geschieht. Und doch kommt diesem kybernetischen System „partieller Automat" praktische Bedeutung zu, da sich aus ihm durch theoretische Betrachtungen Hinweise gewinnen lassen, wie ein Konstrukteur vorzugehen hat, um einen Automaten aufwandsmäßig optimal zu gestalten, wenn dessen Verhalten bei bestimmten Eingangswerten und (oder) Zustandswerten nicht vorgeschrieben ist.

Es zeichnet sich eine Dreiteilung der Aufgaben ab, mit denen sich die Kybernetik zu beschäftigen hat:

1. Untersuchung der Prozesse der Aufnahme, der Übertragung, der Speicherung und der Verarbeitung von Informationen in realen Systemen technischer, organischer und organisatorischer Natur, abstrahiert von der Art ihrer speziellen Realisierung.

2. Untersuchung der unter 1. gewonnenen Strukturen und ihre Erweiterung ohne Frage nach ihrer Realität mit dem Ziel, allgemeine Einsichten in die Verhaltensweise kybernetischer Systeme zu gewinnen.

3. Anwendung der unter 2. gewonnenen allgemeinen wissenschaftlichen Erkenntnisse über Strukturen und Verhaltensweisen, sei es mit dem Ziel, auf diese Weise im Sinn von Modellvorstellungen und Hypothesen zum besseren Verständnis existierender Organismen oder organisatorischer Systeme zu gelangen, sei es, um technische Systeme oder organisatorische Formen mit gewünschten Eigenschaften schaffen zu können.

Der zweite Problemkreis umfaßt die Theorie kybernetischer Systeme und hat ausgesprochen mathematischen Charakter. Im Rahmen der beiden anderen Problemkreise sind Verbindungen zwischen den abstrakten und den realen Systemen herzustellen. So wendet die Kybernetik zwar mathematische Methoden an, ist aber keineswegs ein Teilgebiet der Mathematik: Sie ist als Realwissenschaft pragmatisch ausgerichtet.

Der oben angeführte spezifische Abstraktionsvorgang, durch den kybernetische Systeme aus real existierenden gewonnen werden können, sei an einem Beispiel erläutert.

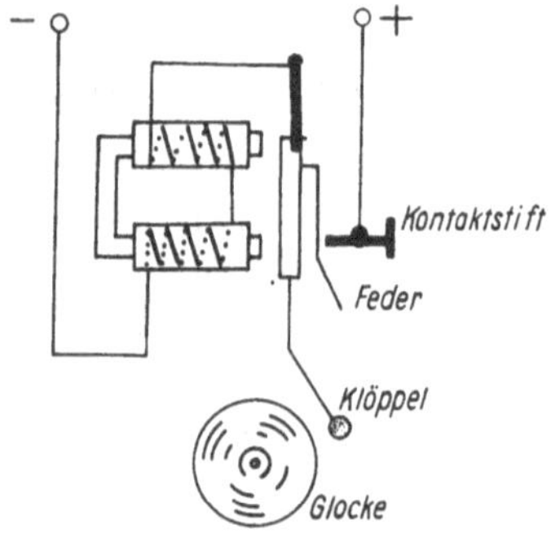

Abb. 1.1. Prinzip der elektrischen Klingel

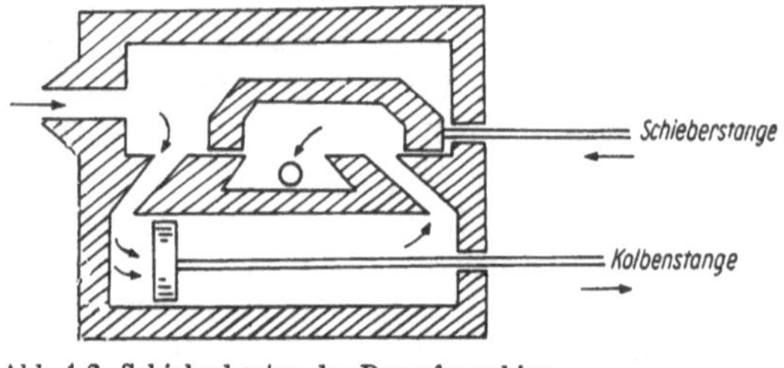

Abb. 1.2. Schieberkasten der Dampfmaschine (Schieberstange und Kolbenstange bewegen sich gegenläufig.)

Betrachtet werden zwei physikalisch-technisch unterschiedliche Steuerungssysteme, die elektrische Klingel und die Dampfmaschine (Abb. 1.1 und Abb. 1.2). In dem einen Fall führt die Zufuhr von elektrischer Energie durch das Schließen des Schalters zu Schwingungen des Klöppels, im anderen Fall bewirkt die Zufuhr von Energie in Form von Dampf durch das Öffnen des Dampfventils zu hin- und hergehenden Bewegungen des Kolbens.

Diese kontinuierlich ablaufenden Prozesse lassen sich durch diskrete Vorgänge idealisieren: Relaisspule und Schaltkontakt bzw. Kolben und Schieber werden nur zu bestimmten für die Vorgänge charakteristischen Zeitpunkten betrachtet. Die Relaisspule kann erregt oder unerregt sein, der Schaltkontakt geschlossen oder geöffnet; Kolben und Schieber können sich in linker oder in rechter Position befinden. Dabei bestehen in beiden Systemen in zweifacher Weise Verkopplungen zwischen den Situationen bzw. Positionen, in denen sich die beiden

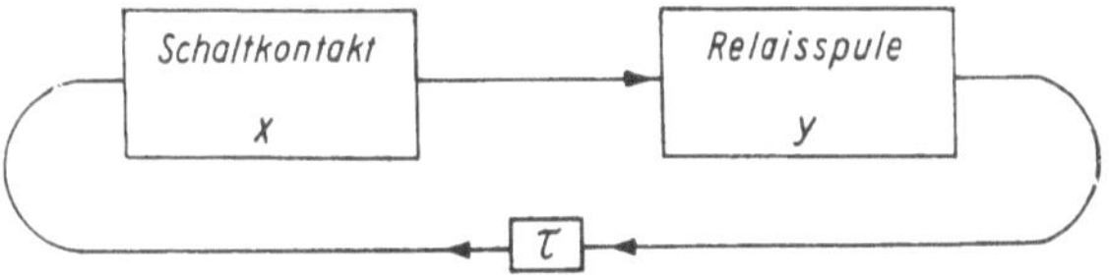

Abb. 1.3. Die elektrische Klingel als Steuersystem

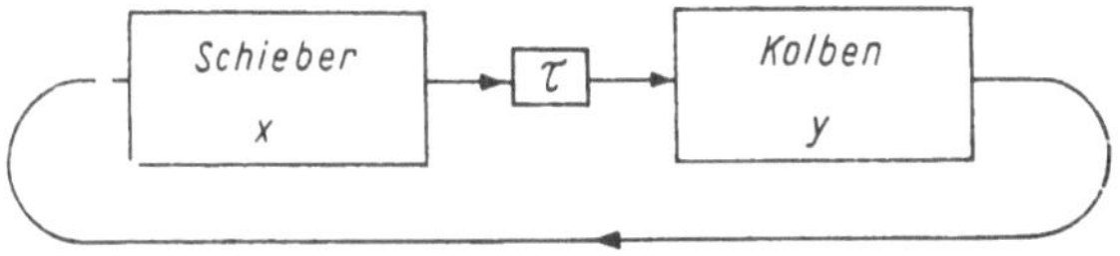

Abb. 1.4. Der Schieberkasten als Steuersystem

Bauelemente befinden. Bei der elektrischen Klingel führt der geschlossene Schaltkontakt zur Erregung der Relaisspule, der geöffnete Schaltkontakt zur Nichterregung der Relaisspule. Bei der Dampfmaschine zieht die Einnahme der linken Stellung des Schiebers die Einnahme der rechten Position des Kolbens nach sich und die Einnahme der rechten Stellung des Schiebers die linke Position des Kolbens. Beide Prozesse gehen bei der Dampfmaschine infolge der endlichen Einströmgeschwindigkeit des Dampfes und besonders infolge der Trägheit des Kolbens und der Trägheit der durch den Kolben zu beschleunigenden Massen sowie der zu überwindenden Reibungskräfte mit einer gewissen Zeitverzögerung vor sich, während sie sich bei der elektrischen Klingel infolge der nur geringen Selbstinduktion der Spule praktisch unverzögert abspielen. Neben diesen über die Energiezufuhr direkten Verkopplungen bestehen in beiden Systemen Verkopplungen durch Rückwirkung: Die erregte (unerregte) Relaisspule zieht verzögert durch die Elastizität der Kontaktfeder und infolge der Trägheit des Klöppels das Öffnen (Schließen) des Schaltkontakts nach sich, die rechte (linke) Position des Kolbens erzwingt unverzögert über Gestänge und Schwungrad die linke (rechte) Position des Schiebers.

Zur mathematischen Beschreibung seien den Bauelementen Variable x und y zugeordnet (Abb. 1.3 und Abb. 1.4), wobei die jeweils eingenommenen Situationen bzw. Positionen durch Belegung der entsprechenden Variable mit 0 oder 1 charakterisiert werden.

Schaltkontakt	x
offen	0
geschlossen	1

Schieber	x
links	0
rechts	1

Relaisspule	y
unerregt	0
erregt	1

Kolben	y
rechts	0
links	1

Damit lassen sich die direkten Verkopplungen wie folgt beschreiben.

Bei der elektrischen Klingel

$x_t \longrightarrow$	y_t
0	0
1	1

Bei der Dampfmaschine

$x_t \longrightarrow$	$y_{t+\tau}$
0	0
1	1

Für die Verkopplung durch Rückwirkung gilt

$y_t \longrightarrow$	$x_{t+\tau}$
0	1
1	0

$y_t \longrightarrow$	x_t
0	1
1	0

Die Indizes geben dabei den jeweiligen Zeitpunkt des Auftretens t bzw. $t + \tau$ an; der Einfachheit wegen ist in beiden Systemen das gleiche Symbol τ für die Verzögerungszeit verwendet.

Verfolgt man die Vorgänge jeweils für ein Bauelement über eine Zeitfolge, $t, t + \tau, t + 2\tau, \ldots$, so ergibt sich in jedem Fall ein alternierendes Verhalten je nach dem Anfangszustand:

	$t,$	$t + \tau,$	$t + 2\tau, \ldots$
	0	1	0
bzw.	1	0	1

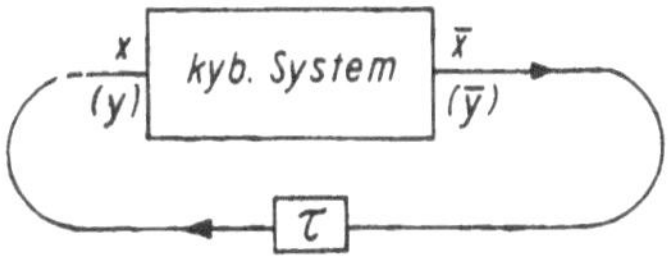

Abb. 1.5. Kybernetisches System für elektrische Klingel und für Schieberkasten

Die beiden physikalisch-technisch unterschiedlichen Systeme sind als kybernetische Systeme bei dieser Betrachtungsweise gleichwertig (Abb. 1.5). Ihr Verhalten kann durch das mathematische Modell

$$x_{t+\tau} = \bar{x}_t \quad \text{bzw.} \quad y_{t+\tau} = \bar{y}_t$$

dargestellt werden, wobei $\bar{x}$ und $\bar{y}$ die logischen Negationen von x und y bedeuten, d. h. dem Übergang von 0 zu 1 bzw. von 1 zu 0 entsprechen.

2. Kommunikation — Signal, Nachricht, Information

Übereinstimmend mit dem Gebrauch in der Umgangssprache werde unter einem *System* eine Gesamtheit von Elementen verstanden, zwischen denen Beziehungen bestehen, wobei die Zusammenfassung zu einer Gesamtheit unter dem Gesichtspunkt gewisser Gemeinsamkeiten der beteiligten Elemente zustande kommt. Dabei ist dieser Begriff von hierarchischer Natur: Die Elemente eines Systems können selbst wieder Systeme sein, Teilsysteme eines komplexen Systems.

Mit der Vorstellung eines Zahlensystems verbindet man die Menge der Zahlen, wie sie sich aus dem Zählprozeß ergeben, mit den daraus zwischen ihnen resultierenden Beziehungen. Das Sonnensystem umfaßt die Sonne und die um sie kreisenden Planeten zusammen mit den durch die Gravitation zwischen ihnen bedingten Beziehungen. Unter einem Maschinensystem versteht man eine Vielzahl von Baugruppen, die in gegenseitigen Beziehungen stehen und sich in ihren Funktionen beeinflussen.

Im Rahmen der Kybernetik sind dynamische Systeme von Interesse. Bei ihnen haben die zwischen den Teilen des Systems bestehenden Beziehungen deterministischer oder stochastischer Natur den Charakter von Ursache-Wirkungs-Gefügen. Dadurch werden Angaben über gewisse in den Teilsystemen bestehende Situationen oder über bestimmte in ihnen sich abspielende Prozesse übermittelt. Diese lösen nun in ihrer Bedeutung als Nachrichten die entsprechenden Reaktionen aus.

Sind die Teilsysteme Menschen, so spricht man von einem Kommunikationsvorgang, der zwischen ihnen stattfindet. Bekanntlich spielen sich auch zwischen Tieren Mitteilungsvorgänge ab, so daß es nahe liegt, auch in diesen Fällen von Kommunikation zu sprechen. In der Kybernetik wird darüber hinaus der Begriff Kommunikation so erweitert, daß er neben Menschen und Tieren auch Maschinen einbezieht, so daß man jeden Austausch von Mitteilungen als *Kommunikation* bezeichnet.

So wird beispielsweise im obigen Beispiel der Dampfmaschine die durch das Schwungrad und das Gestänge bewirkte Rückwirkung als eine Mitteilung aufgefaßt, die von dem Kolben ausgeht, Angabe über die erreichte

Rechts- oder Linksposition des Kolbens beinhaltet und an den Schieber gelangt, wobei mit diesem Kommunikationsvorgang noch ein Reaktionsvorgang des Schiebers auf die erhaltene Mitteilung verbunden ist, nämlich die Reaktion „in Links- bzw. Rechtsposition zu gehen".

Allgemein sind an einer Kommunikation ein Sender, ein Empfänger und ein die Nachricht übertragender Kanal beteiligt. Im vorliegenden Beispiel werden diese durch den Kolben, durch den Schieber und durch das Schwungrad mit Gestänge verkörpert.

Nun kann man bei dem gewählten Beispiel in Verfolgung des weiteren Ablaufs die im Sinn einer Reaktion eingenommene Position des Schiebers wieder als Auslösung einer darüber erfolgenden Mitteilung ansehen, somit als Beginn eines weiteren Kommunikationsvorgangs, der vom Schieber als Sender ausgeht und über den durch die erreichte Schieberposition freigegebenen Dampfkanal zu dem Kolben als Empfänger verläuft und an diesem eine Reaktion in Form einer Positionsänderung auslöst.

Bei der bis dahin entwickelten Vorstellung eines Kommunikationsprozesses liegt die Aktivität primär auf der Sendeseite. Eine sich im weiteren anbietende Erweiterung wird eine Verlagerung der Aktivität auf den Empfänger ermöglichen.

An einem zur Beobachtung anstehenden Komplex mögen gewisse Eigenschaften unser Interesse finden, so z. B. seine Farbe, seine Form, seine Temperatur oder sein elektrisches Potential usw. Dabei kann ein solches Attribut allgemein in verschiedenen Erscheinungsformen auftreten, die Farbe etwa als rot oder gelb, das elektrische Potential als höhere oder niedrigere Spannung usw. Man kann nun jedes Attribut als ein formales Objekt auffassen, das gewisser Belegungen fähig ist. Diese Vorstellung legt eine Interpretation nahe, bei der das Attribut als eine Speicherzelle angesehen wird, die in bestimmter Weise mit einem Inhalt belegt ist. Dabei wird der Speicherinhalt realisiert durch die betreffende Erscheinungsform, genauer gesagt, durch ein geeignetes mathematisches Modell dieser Erscheinungsform.

In vielen Fällen wird es möglich sein, dem anstehenden Speicherinhalt eine bestimmte Bedeutung beizulegen, sei es, daß er es auf Grund unserer wissenschaftlichen Kenntnisse ermöglicht, Schlüsse auf einen bestimmten Zustand oder einen bestimmten Prozeß im beobachteten Komplex zu ziehen, sei es, daß eine vorausgegangene Vereinbarung dem betreffenden Speicherinhalt eine bestimmte Semantik zugewiesen hat. So vermag die Farbe des von einer Glühlampe ausgestrahlten Lichts auf Grund vorhandener physikalischer Kenntnisse Auskunft über die Temperatur des Glühfadens zu geben, die Farbe einer Verkehrsampel auf Grund der in der Verkehrsordnung festgelegten Vereinbarung die momentane Vorfahrtsituation charakterisieren. Im ersten Fall liegt die Aktivität auf der Seite des das Licht beobachtenden Empfängers.

Die Möglichkeit der Zuordnung einer Bedeutung bleibt bestehen, auch wenn das betreffende Objekt nicht in unserem augenblicklichen Interessenbereich liegt. Dies berechtigt zu der folgenden Vereinbarung:

Wenn die Belegung einer Speicherzelle, genauer das mathematische Modell einer physikalischen — d. h. einer real existierenden — Erscheinung geeignet ist, sich mit einem Sinn, einer Bedeutung, einer Semantik zu verbinden, so spricht man von einem *Signal*. Signal ist somit Abbild gewisser Seiten eines physikalischen Ereignisses. Man beachte, daß dieses außerhalb eines organisierten Systems zwar als physikalische Erscheinung existiert, aber alle Eigenschaften eines Signals verliert. Daß aus einem Signal eine *Nachricht* wird, verlangt die Mitwirkung eines Bewußtsein besitzenden Individuums oder Kollektivs, dem dieses Signal Veranlassung gibt, sich für eine bestimmte der ihm möglichen Verhaltensweisen zu entscheiden, zu reagieren.

Nachricht und *Information* werden oft synonym verwendet. Genaugenommen muß man sie unterscheiden.

Ein zu Bewußtsein genommenes Signal liefert eine Nachricht. Möglicherweise sind wir aber schon anderweitig über den in dieser Nachricht enthaltenen Tatbestand unterrichtet oder, wie man auch sagt, informiert. Dann bietet uns die nun erhaltene Nachricht nichts Neues, also auch keine Information. Eine Nachricht ist nur dann mit Information verbunden, wenn vor ihrem Erhalt eine gewisse Unbestimmtheit über das zu übermittelnde vorhanden ist.

Ein Beispiel erläutere diese Begriffe.

Die unterschiedlich strukturierten Buchrücken in unserem Bücherregal haben den Charakter von Signalen. Denn auf Grund einer zwischen Verleger und Buchbinder getroffenen Vereinbarung besteht eine feste Zuordnung der physikalischen Erscheinungsform, nämlich der Struktur des Buchrückens und dem Buchtitel, so daß der betreffende Buchrücken auf diesen Titel schließen läßt. Diese Signale werden vielfach im Tagesablauf in unser Blickfeld zu liegen kommen. Zu einer Nachricht werden sie aber erst über unser Bewußtsein, etwa für den Fall, daß wir in einem bestimmten Buch etwas nachschlagen wollen und daher dieses Buch suchen. Nur wenn uns der Standort des gesuchten Buches nicht genau in Erinnerung ist, werden die von den Signalen „Buchrücken" ausgehenden Nachrichten zur Information über den Stand und ziehen eine bestimmte Verhaltensweise unsererseits nach sich.

Wenn man gelegentlich auch bei Systemen, die kein Bewußtsein besitzen, also etwa bei technischen Geräten, von Signalen, Nachrichten und damit verbundenen Informationen spricht, so liegt diesem Vorgehen die Vorstellung zugrunde, daß wir etwa im Rahmen einer Gerätebeschreibung bzw. der Funktionsbeschreibung eines Geräts dem Auftreten bestimmter physikalischer Erscheinungsformen bestimmte Bedeutungen hinsichtlich der in gewissen Geräteteilen bestehenden Situationen oder Prozesse zuordnen und daß diese wiederum zu bestimmten Gedankengängen in unseren Überlegungen führen, also zu einer bestimmten geistigen Verhaltensweise. Dabei identifizieren wir uns mit bestimmten Geräteteilen in unseren Vorstellungen, treten an ihre Stelle als Nachrichtenempfänger und Nachrichtensender und führen gedanklich ihre Funktionen aus.

War es in der ursprünglichen Vorstellung einer Kommunikation für den Begriff Nachricht wesentlich, daß die Mitteilung von einem Sender ausgeht, der Bewußtsein besitzt und das, was er aussendet, als Nachricht auffaßt, so verlegte die erste vorgenommene Erweiterung den Schwerpunkt auf die Empfängerseite: Nachricht ist das, was von einer Quelle ausgeht und von einem Bewußtsein besitzenden Empfänger als Nachricht empfangen, aufgefaßt und verstanden wird. Die letzte Vereinbarung greift noch weiter: Hier erhält eine Relation zwischen Teilsystemen den Charakter einer Nachricht, wenn ein außenstehender Beobachter feststellen kann, daß durch diese Relation eine Reaktion des einen Teilsystems auf eine in dem anderen Teilsystem bestehende Situation oder auf einem sich darin abspielenden Prozeß ausgelöst wird.

So scheint es gerechtfertigt, im weiteren für den als Erscheinungsform auftretenden Speicherinhalt eines als Speicherzelle fungierenden Attributs den Begriff Information zu verwenden. Charakteristisch für jedes System, in dem sich Steuerungsprozesse abspielen, ist, daß einzelne seiner Teile so miteinander verbunden sind, daß über diese Verbindungen mittels Signalen Informationen über Prozesse übermittelt werden, die sich in diesen Teilen vollziehen, und daß diese Informationen, genauer ihre physikalischen Träger, in anderen Teilen wieder Prozesse auslösen. So werden Signale erzeugt und entstehen aus Signalen wieder neue Signale. Dabei sind alle Übermittlungsprozesse zwar an energetische Prozesse gebunden; diese spielen aber nur die Rolle von Hilfsfunktionen, nämlich Träger von Signalen zu sein und die Übermittlung von Informationen sowie deren Umwandlung und Speicherung zu ermöglichen.

Signal und Information sind grundlegende Begriffe der Kybernetik. Dabei wird das Information tragende Signal als mathematisches Modell des physikalischen Signals durch Abstraktion gewonnen und zwar vielfach auf dem Weg einer Quantifizierung. Alle physikalischen Erscheinungen treten in drei Raum- und einer Zeitkomponente auf. Die Quantifizierung kann sich auf die Amplitude oder auf die Zeit, oder auch auf beide beziehen.

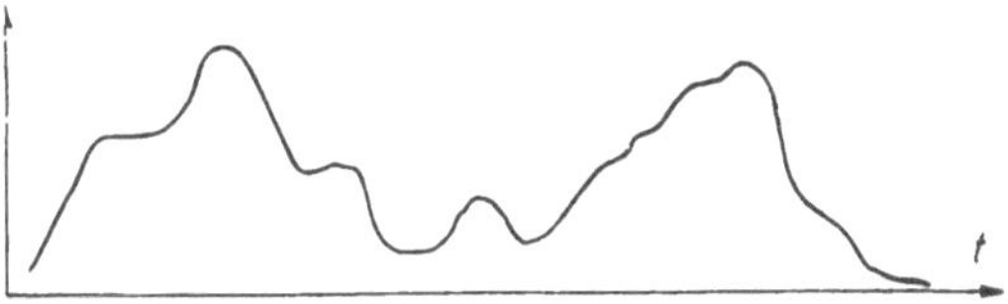

Abb. 2.1. a) Beispiel eines physikalischen Signals mit einer Raum- und einer Zeitkomponente

Die folgenden Abbildungen erläutern dies. Abb. 2.1a gibt ein Beispiel eines auf eine Raum- und eine Zeit-

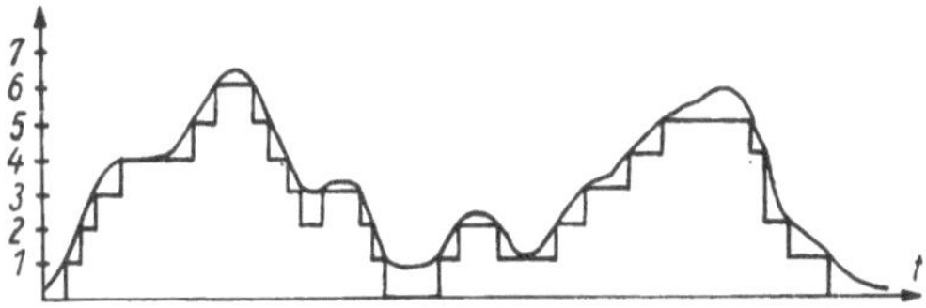

b) Amplitudenquantifizierung

komponente beschränkten physikalischen Signals. Das daraus durch Amplitudenquantifizierung gewonnene mathematische Modell ist in Abb. 2.1b dargestellt. Abb. 2.1c zeigt das durch Quantifizierung der Zeit entstehende Modell, Abb. 2.1d ist durch Quantifizierung der Amplitude und der Zeit entstanden. Besonderes Interesse kommt einer Quantifizierung auf zwei Stufen zu. Abb. 2.1e veranschaulicht dieses Prinzip des „Alles oder Nichts“.

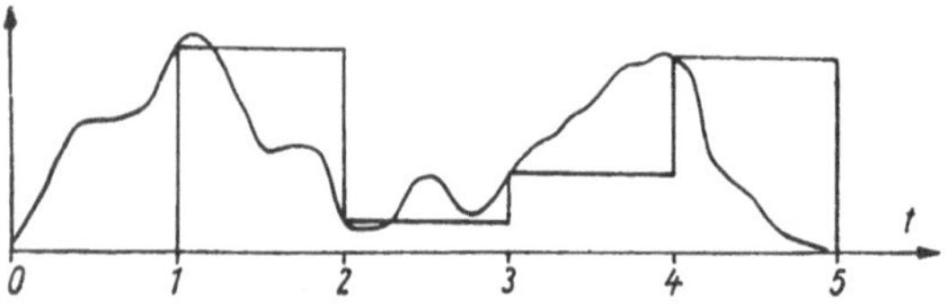

c) Zeitquantifizierung

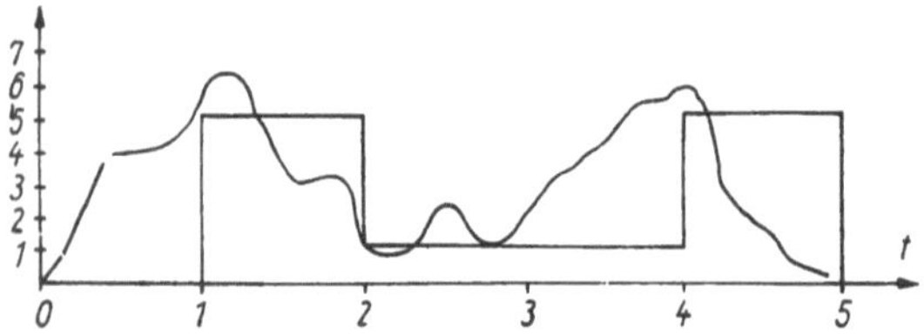

d) Zeit- und Amplitudenquantifizierung

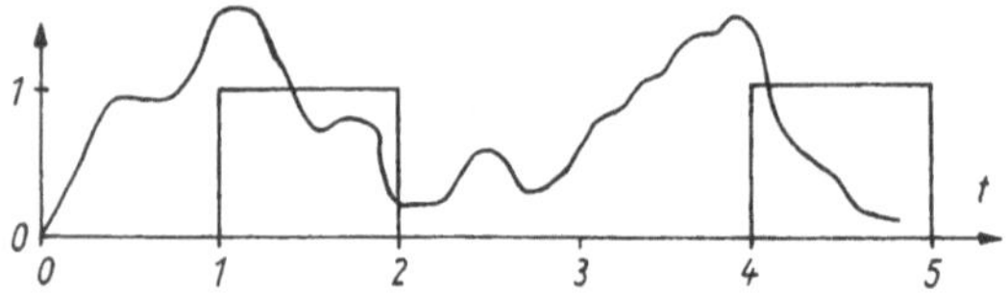

e) Amplitudenquantifizierung auf zwei Stufen

Die bis dahin benutzte Modellvorstellung eines Kommunikationssystems bedarf gewisser Ergänzungen.

Das, was vom Sender zum Empfänger übergeht, kann z. B. ein Brief, oder etwas Energetisches, wie etwa Licht, Schall oder elektrischer Strom sein. Träger ist in jedem Fall ein Material oder Energie. Um eine Mitteilung aussenden zu können, muß diese an einen Träger gebunden werden und der Träger muß dem Übergangsmedium, dem Kanal, angepaßt sein. Dies erfordert, daß zwischen Sender und Kanal und ebenso zwischen Kanal und Empfänger je eine geeignete Einrichtung vorhanden ist, die als Transformator — man spricht von einem Kodierer —

fungiert. In vielen Fällen findet jedoch ein mehrfacher Trägerwechsel statt; man denke etwa an die verschiedenen Vorgänge, die sich bei der Übermittlung auf dem Telegrammweg abspielen. Jeder Trägerwechsel macht eine Umkodierung notwendig; dabei stellen Fragen einer optimalen Anpassung an den jeweiligen Kanal im Rahmen der Kodierung zusätzliche Anforderungen. Schließlich sind Kanal und Wandler Störungen unterworfen und erfordern zur Sicherstellung der Übertragung vielfach spezielle Kodierungsmaßnahmen. So spielen Probleme der Kodierung eine wichtige Rolle in der Theorie der Nachrichtenübertragung.

Bei der Herausbildung des Begriffs Nachricht wurde als wesentlich herausgestellt, daß das Signal den Empfänger veranlaßt, sich für eine bestimmte der ihm möglichen Verhaltensweisen zu entscheiden. Dabei kann eine empfangene Nachricht zu einer sofortigen Beeinflussung des Verhaltens führen, sie kann aber auch gespeichert und zu einem späteren Zeitpunkt mit anderen Nachrichten verknüpft werden, wobei als Resultat wieder eine Nachricht entsteht, die auf das Verhalten Einfluß zu nehmen vermag. So bedürfen in der Kybernetik neben Fragen der Nachrichtenübertragung Probleme der Nachrichtenspeicherung und der Nachrichtenverarbeitung besondere Aufmerksamkeit.

Der Einfluß einer Nachricht auf die Verhaltensweise des empfangenden Systems kann sich in verschiedener Weise abspielen: Das Signal kann zu einem *Auslösen* einer dem System eigenen Verhaltensweise führen; man denke etwa an ein Signal in Form einer kränkenden Äußerung und die darauf erfolgende Reaktion des Empfängers in Abhängigkeit von seinem Charakter. Ein anderes Beispiel ist die Entfaltung der Blattknospen im Frühjahr, ausgelöst durch die ansteigende Temperatur. In einer automatischen Rechenmaschine kann ein Unterprogramm, das im Speicher fertig vorliegt, durch ein Signal aufgerufen werden oder ein laufendes Programm auch ausgeschaltet werden.

Von *Steuern* spricht man, wenn ein Signal bei dem empfangenden System nicht nur ein bestimmtes Verhalten auslöst, sondern für dieses ein Ziel setzt und dementsprechend eingreift, wobei die Erfolgssituation als solche von außen festgelegt wird. Ein typisches Beispiel ist das Lenken eines Fahrzeugs. Auch Erziehungsmaßnahmen sind in diesem Sinn Steuerungsprozesse.

Nun kann ein Signal dem empfangenden System zwar eine Zielsetzung geben, wobei jedoch dieses im Ablauf seines Verhaltens selbst die Erfolgssituation zu erfassen vermag; der von außen gegebene Befehl, ein bestimmtes Ziel zu suchen, wird jeweils mit der Erfolgsmeldung verknüpft und führt zu einem dementsprechend angepaßten neuen Befehl. Man benutzt im deutschen Sprachgebrauch den Begriff *Regelung*, während z. B. im Englischen Steuern und Regeln mit dem gleichen Wort control erfaßt werden. Ein bekanntes klassisches Beispiel für einen technischen Regelungsprozeß bietet der von James Watt (1788) geschaffene Fliehkraftregler.

Schließlich kann ein empfangendes System selbst das Ziel bestimmen und gegebenenfalls sein Verhalten in *Anpassung* an die empfangene Nachricht — sie hat hier meist den Charakter einer „Störung" durch die Umwelt — umstellen. Besondere Formen einer solchen Anpassung sind *Lernen*, sei es in der Herausbildung bedingter Reflexe, eines Lernens durch Erfolg oder eines assoziativen Lernens.

3. Das formale System und seine Beschreibung

Man spricht von exakten Naturwissenschaften und bezieht dabei die Exaktheit auf die Beschreibung der gewählten Modelle, niemals der Wirklichkeit; stimmen doch die Eigenschaften der Modelle mit denen der Wirklichkeit nur mehr oder weniger genau überein. Nur die bewußte Beschränkung der Modelleigenschaften ermöglicht in Rahmen der zur Verfügung stehenden endlichen Mittel überhaupt erst eine exakte Beschreibung.

So wird auch in der Kybernetik das System nur als formales Modell eines real existierenden oder gedachten Systems betrachtet. Die formalen Aspekte eines Modells lassen sich dann mathematisch durch Relationen beschreiben, ohne daß weitere Einschränkungen nötig werden. Dabei zeichnen sich im wesentlichen vier Phasen ab.

Zunächst werden für das zur experimentellen Beobachtung anstehende Phänomen gewisse Attribute ausgewählt, auf die sich das weitere Interesse beschränkt. Dieser Auswahl kommt besondere Bedeutung zu: Nur bei geeigneter Auswahl der Attribute wird sich ein erfolgreiches Modell in dem Sinn gewinnen lassen, daß die aus ihm resultierenden Aussagen es ermöglichen, uns diesem Phänomen gegenüber „zweckmäßig“ zu verhalten.

Ausgewählt seien n Attribute $A_1, A_2, \ldots, A_n$, darunter im allgemeinen auch die „Zeit“. Jedes dieser Attribute kann in quantitativ oder qualitativ verschiedenen Erscheinungsformen auftreten; dementsprechend wird ein geeigneter Wertebereich kontinuierlicher oder diskreter Natur einzuführen sein. Dem Attribut A_i sei der Wertebereich V_i zugeordnet.

Anschließend werden die Experimente durchgeführt und das Ergebnis jedes Experiments in Form der dabei auftretenden Werte aller n Attribute notiert. Jedes Experiment liefert so eine Kombination aus je einem Wert aus den Wertebereichen der n Attribute; mathematisch spricht man von einem n-Tupel. Der abschließende Schritt faßt alle durch die Experimente sich ergebenden n-Tupel zusammen. Dabei wird nicht jede gedanklich mögliche Kombination von je einem Wert aus $V_1, V_2, \ldots, V_n$ auftreten. Die Gesamtheit aller gedanklich möglichen Kombinationen aus $V_1, V_2, \ldots, V_n$ bezeichnet man als *Verbundmenge* oder auch als *Produktmenge* und schreibt dafür

$$V_1 \times V_2 \times V_3 \times \cdots \times V_n.$$

Die Experimente liefern eine bestimmte Teilmenge dieser Verbundmenge als charakteristische Eigenschaft des vorliegenden Modells. Mathematisch spricht man von einer (n-stelligen) Relation, die zwischen den Attributen besteht, und identifiziert das formale System mit der es charakterisierenden Relation. In diesem Sinn ist das formale System eine Teilmenge der Verbundmenge, die aus den am formalen System beteiligten Attributen gebildet wird:

$$S \subset V_1 \times V_2 \times \cdots \times V_n .$$

An zwei Beispielen werde dieser zur Bildung eines formalen Systems führende Vorgang erläutert.

1. Als zu untersuchendes Phänomen liege die Dehnung eines isotropen Stabs unter Belastung vor.
Als Attribute werden ausgewählt

A_1: Stablänge l,
A_2: Stabquerschnitt q,
A_3: deformierte Kraft P,
A_4: Material bzw. eine das Material im vorliegenden Zusammenhang charakterisierende Angabe E,
A_5: Verlängerung λ.

Im Rahmen der vorgesehenen Experimente sind als Wertebereiche angesetzt

V_1: {500, 1000, 1500} cm,
V_2: {0,1, 0,2, 0,5, 1,0} cm^2,
V_3: {10, 15, 20, 25} kp,
V_4: {Stahl, Kupfer, Messing},
V_5: {1, 2, 3, ..., 100} · 10^{-3} cm.

Herausgegriffen wurde das Experiment mit einem 1000 cm langen Stahldraht von 0,2 cm^2 Querschnitt und einer Belastung von 20 kp. Es resultiert eine Verlängerung von 84 · 10^{-3} cm. Damit ergibt sich als Fünf-Tupel

$$(1000;\ 0{,}2;\ 20;\ \text{Stahl};\ 84).$$

Die Durchführung aller vorgesehenen Experimente liefert

$$3 \cdot 4 \cdot 4 \cdot 3 = 144 \text{ Fünf-Tupel}.$$

Eine Liste dieser 144 Fünf-Tupel charakterisiert als 5-stellige Relation, d. h. als Teilmenge der 14400 Fünf-Tupel umfassenden Verbundmenge das vorliegende Dehnungsphänomen. Es liegt auf der Hand, daß diese Form der Aussage noch nicht den auf Anwendungen ausgerichteten Bedürfnissen entspricht.

2. Ein zweites Beispiel behandle ein organisches System, das Modell für die Steuerung der Atmung.

Als Attribute treten die CO_2-Konzentrationen auf

A_1: in den Lungenbläschen,
A_2: bei der Einatmung,
A_3: bei der Ausatmung,
A_4: im venösen Blutstrom,
A_5: im arteriellen Blutstrom.

Alle Größen sind Zeitfunktionen über dem Experimentierintervall

$$T = \{t/t_1 \leqq t \leqq t_2\}.$$

$$V_i\colon \{v_i/v_i = f_i(t);\, t \in T\} \quad \text{für} \quad i = 1, \ldots, 5.$$

Jedes Experiment liefert ein Fünf-Tupel

$$s = \big(f_1(t), f_2(t), \ldots, f_5(t)\big).$$

Das formale System ist durch die Relation

$$S \subset V_1 \times V_2 \times V_3 \times V_4 \times V_5$$

gegeben. In diesem Beispiel tritt die Zeit explizit auf; man spricht von einem dynamischen System.

In manchen Fällen wird man bei einem System bestimmte Attribute als Eingangsgrößen, andere als Ausgangsgrößen auffassen. Man spricht dann von Input- und Outputgrößen. So stellen bei einem Beleuchtungssystem die Schalterstellungen Inputwerte dar, die Lampen, genauer die resultierenden Beleuchtungszustände, den Output. Reiz und Reaktion haben Input- und Outputcharakter.

Eine Beschreibung eines solchen Systems, die es ermöglicht, zu gegebenen Inputwerten die resultierenden Outputwerte anzugeben, bezeichnet man als konstruktiv.

Im ersten der obigen Beispiele liegt es nahe, Material, Stablänge, Querschnitt und deformierende Kraft als Inputgrößen aufzufassen, die sich einstellende Stabverlängerung als Outputgröße. Die durch die Experimente in Form einer Liste gewonnene Relation läßt dann eine konstruktive Beschreibung des Systems mittels einer Gleichung zu

$$\lambda = \frac{l \cdot P}{E \cdot q},$$

wobei sich E als eine das Material charakterisierende Konstante ergibt.

In anderen Fällen wird u. U. eine Differentialgleichung zur konstruktiven Beschreibung herangezogen werden können, so für das zweite der obigen Beispiele eine Gleichung, die die Änderungsgeschwindigkeit der einen Größe linear aus den anderen Größen bestimmt,

$$\frac{\mathrm{d}x_1}{\mathrm{d}t} = k_1(k_2x_2 + x_4 - x_3 - x_5)$$

mit den Konstanten k_1 und k_2.

Tieferen Einblick in gewisse Systeme erhält man evtl. durch eine Beschreibung, die das System als „zielsuchendes" System auffaßt. Einem solchen teleologischen Aspekt kommt besondere Bedeutung im Rahmen von Steuerungs-, Regelungs- und Anpassungsproblemen zu, allgemein bei Entscheidungsproblemen.

In vielen Fällen wird eine Modellvorstellung Beschreibungen auf verschiedene Weisen zulassen. Man muß daher zwischen dem formalen System und einer gewählten Beschreibung dieses Modells wohl unterscheiden.

Es liege ein Input-Outputsystem S vor, X sei die

Inputmenge, Y die Outputmenge:

$$S \subset X \times Y .$$

Nun können u. U. zu einem Inputwert mehrere Outputwerte auftreten. Dies kann etwa dadurch zustandekommen, daß neben den dem Beobachter zugänglichen äußeren Attributen, die dieser als Input- und Outputgrößen erfaßt, noch weitere Attribute eine Rolle spielen, die als „innere" Attribute der direkten Beobachtung nicht zugänglich sind, daß jedoch die „Vorgeschichte" im Experimentierprozeß auf diese inneren Attribute Einfluß nimmt.

Um hier unter der Annahme einer determinierten Erscheinung dem Kausalitätsprinzip zu genügen, führt man den *Begriff des Systemzustands* ein.

Dabei ist „Zustand" eine Eigenschaft von speichernder Natur, deren jeweilige Belegung das System auf Grund der Vorgeschichte annimmt. Betrachtet man die Gesamtheit der Experimente, also die Menge der Inputfolgen, die sich in der Vergangenheit abspielen und mit der Gegenwart abgeschlossen sind, einerseits, und anderseits die sich daraufhin in der Zukunft einstellenden Outputfolgen, so kann man die Menge der Experimente unter dem Gesichtspunkt gleicher Outputfolgen klassifizieren. Dann ist „Zustand" im Rahmen der formalen Beschreibung nur ein anderer Ausdruck für Äquivalenzklasse der Inputfolgen bezüglich gleicher Outputfolgen.

Auf diese Weise kann ein außenstehender Beobachter sehr wohl von den Zuständen eines Systems sprechen und mit diesen operieren, ohne daß er sich um eine für ihn möglicherweise gar nicht durchführbare Erfassung innerer Attribute bemüht: Er betrachtet das System als „black box" und stellt seine Experimente darauf aus, gewisse Inputfolgen einzugeben und die resultierenden Outputfolgen zu registrieren. Er untersucht so die Verhaltensweise des Systems, sein Modell ist ein *Verhaltensmodell* (Abb. 3.1).

Dabei zieht er vier formale Objekte heran:

Input und primären Zustand, Output und sekundären Zustand. Bei diskreter Darstellung erhält man damit eine algebraische Struktur, die man als *abstrakten Automaten* bezeichnet.

Abb. 3.1. Black-box, ein Verhaltensmodell

Bei diskreten Mengen lassen sich Relationen besonders anschaulich graphisch darstellen.

Es liege eine zweistellige Relation vor, d. i. eine Relation zwischen zwei Mengen. Jedem Element der beiden Mengen werde umkehrbar eindeutig ein Punkt zugeordnet. Dann verbinde man jeweils zwei Punkte genau dann durch eine gerichtete Kante, wenn die ihnen zugeordneten Elemente der Relation genügen. Die Menge der Punkte, von denen Pfeile ausgehen, bildet die Originalmenge, während die Menge der Punkte, in die Pfeile einlaufen, die Bildmenge ist (Abb. 3.2). Von besonderem Interesse sind eindeutige Abbildungen; jedem Punkt der Originalmenge ist genau ein Punkt der Bildmenge zugeordnet (Abb. 3.3). Liegt Eindeutigkeit auch in der den Pfeilen entgegengesetzten Richtung vor, so ist die Abbildung eineindeutig (Abb. 3.4).

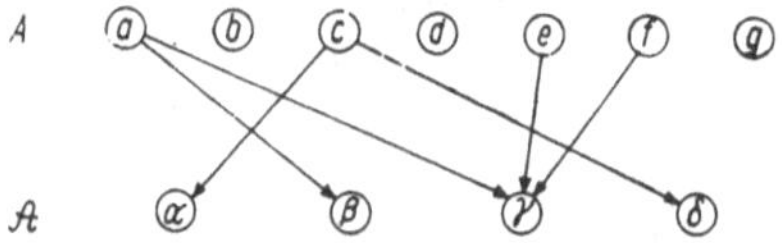

Abb. 3.2. Graphische Darstellung einer zweistelligen Relation

Speziell können beide Mengen identisch sein. Man denke etwa an die Menge der einer Schule angehörigen Personen und die durch Lehrer-Schüler-Verhältnis gegebene Relation.

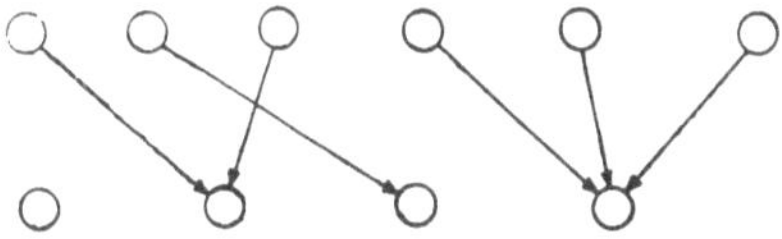

Abb. 3.3. Beispiel einer eindeutigen Abbildung

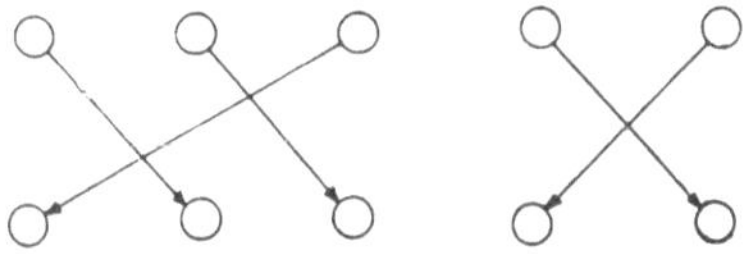

Abb. 3.4. Beispiel einer eineindeutigen Abbildung

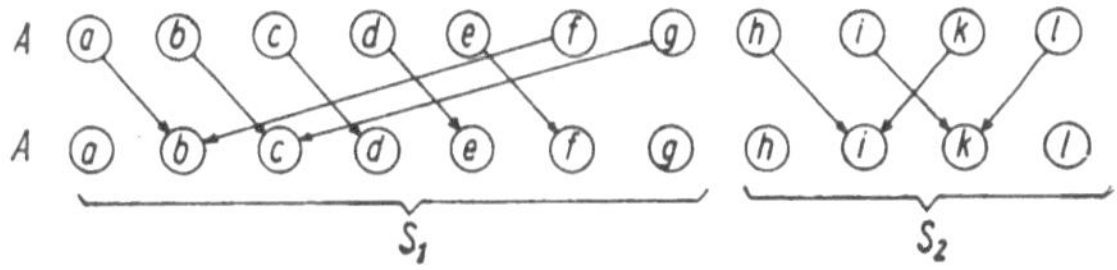

Abb. 3.5. Beispiel eines aus zwei Teilsystemen bestehenden Systems

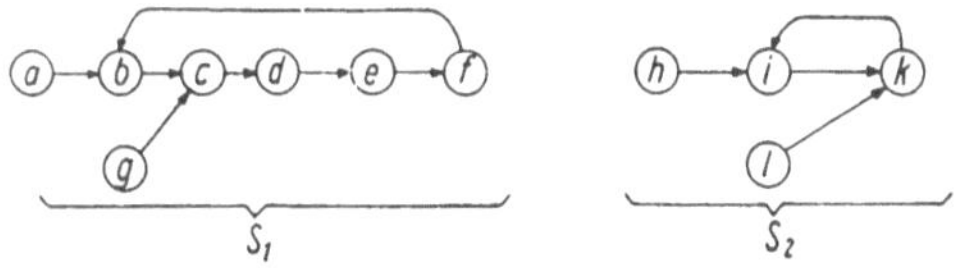

Abb. 3.6. Interpretation des Systems aus Abb. 3.5 als dynamisches System

Abb. 3.5 zeigt ein Beispiel für ein System, das aus zwei Teilsystemen besteht.

Hat die Relation die Bedeutung einer Vorgänger-Nachfolger-Beziehung, so kann man den entsprechenden Konsekutivprozeß durch einen Zustandsgraphen beschreiben. Das System läßt sich als ein abgeschlossenes dynamisches System interpretieren (Abb. 3.6). Auch hier ist ersichtlich, daß das dargestellte Beispiel eine aus zwei Teilsystemen bestehende Struktur aufweist.

Ein Input-Output-Modell bietet die Möglichkeit, das

Verhalten eines Systems zu beschreiben, jedoch nicht, dieses zu erklären und damit „verstehen" zu können. Will man Verständnis für eine bestimmte Verhaltensweise eines Systems gewinnen, so muß man zu einem *Strukturmodell* übergehen; man muß sich von der Vorstellung einer „black box" lösen und versuchen, Angaben über innere Attribute zu erhalten. Man wird bestrebt sein, an dem zu untersuchenden System Teilsysteme aufzufinden, mit der Vorstellung, daß das Gesamtsystem aus diesen aufgebaut ist. Ein Strukturmodell umfaßt Angaben darüber, welche einfachere Teilsysteme als Bauelemente aufgefaßt werden und wie diese gegenseitig verknüpft sind, d. h., wie der Output der einzelnen Elemente als Input anderer Elemente fungiert. Dabei kann ein Strukturmodell von hierarchischer Natur sein; es kann erforderlich werden, erkannte Teilsysteme selbst wieder weiter strukturell aufzugliedern, bis man zu Teilsystemen gelangt, über deren Verhalten man sich im klaren ist. Aus der gewonnenen Struktur und dem bekannten Verhalten der Bauelemente sucht man auf das Verhalten des Gesamtsystems zu schließen. Diese Problemstellung hat stets eine eindeutige Lösung.

Für die umgekehrte Aufgabenstellung, aus dem Verhalten eines Systems auf dessen Struktur zu schließen, gilt dies dagegen nicht. Hier werden zur Gewinnung einer Modellstruktur noch zusätzliche Annahmen im Sinn von Nebenbedingungen erforderlich, so etwa die Annahme eines minimalen Aufwands, der konstruktiven Einfachheit oder einer in bestimmter Weise ausgerichteten Optimalität. Die Vorgehensweise nimmt damit einen rekursiven Charakter an: Von der durch Experimente erfaßten Verhaltensweise geht man unter der Annahme geeignet erscheinender und hypothetisch naheliegender Nebenbedingungen zu einem Strukturmodell über. Aus diesem ergibt sich eindeutig die Verhaltensweise. Eine anschließende experimentelle Überprüfung im Verhalten des realen Systems ermöglicht eine Bewertung des Strukturmodells und legt u. U. Abänderungen der angesetzten

Nebenbedingungen nahe. Ein damit konstruiertes neues Strukturmodell kommt möglicherweise dem realen System im Verhalten näher, bietet gegebenenfalls weitere Änderungen der Nebenbedingungen an.

Nur kurz hingewiesen sei hier auf zwei weitere Problemkreise der Systemtheorie. So kann die Aufgabe vorliegen, aus der bekannten Verhaltensweise eines Systems bei vorgelegter In- und Outputfolge auf den initialen Zustand oder den erreichten Endzustand zu schließen. Auf ein Steuerungsproblem führt die Aufgabe, bei bekannter Verhaltensweise eines Systems eine Inputfolge so zu bestimmen, daß eine gewünschte Outputfolge resultiert.

Nach Art der Belegungen, die den formalen Objekten einer Modellvorstellung zukommen, wird man von diskreten oder von kontinuierlichen Systemen sprechen. Eine andere Einteilung bietet sich aus der Art der Abbildungen an, die zur Darstellung der das System charakterisierenden Relationen herangezogen werden. Je nachdem die auftretenden Abbildungen determiniert, nichtdeterminiert oder stochastisch sind, liegt ein determiniertes, ein nichtdeterminiertes oder ein stochastisches System vor.

Schließlich lassen sich auch die Gleichungen, durch die die bestehenden Relationen beschrieben werden können, zum Ausgang für eine Einteilung wählen. So lassen sich den linearen Systemen die nichtlinearen Systeme gegenüberstellen. Es liegt auf der Hand, daß die linearen Systeme, da in ihnen das Superpositionsprinzip gilt, Untersuchungen leichter zugänglich und daher auch z. Z. am besten erforscht sind.

In späteren Betrachtungen werden noch spezielle Typen von Systemen von Interesse sein, so u. a. steuernde, regelnde und cognitive Systeme.

Um den bis dahin intuitiv eingeführten Modellbegriff zu präzisieren, werden die Begriffe Isomorphie und Homomorphie herangezogen. Einer einfachen Darstellung zuliebe werden dieser Betrachtung determinierte dynamische Systeme zugrunde gelegt, deren Zustandsänderungen ohne äußeren Einfluß auftreten — man spricht von abgeschlossenen oder autonomen Systemen — und einander in Zeitintervallen folgen, die dem jeweiligen System eigen sind. Von Interesse ist nun die Frage nach einem evtl. vollständigen oder auch nur teilweisen Gleichverhalten zweier derartiger Systeme. Als unwesentlich werden dabei die Bedeutungen und die Bezeich-

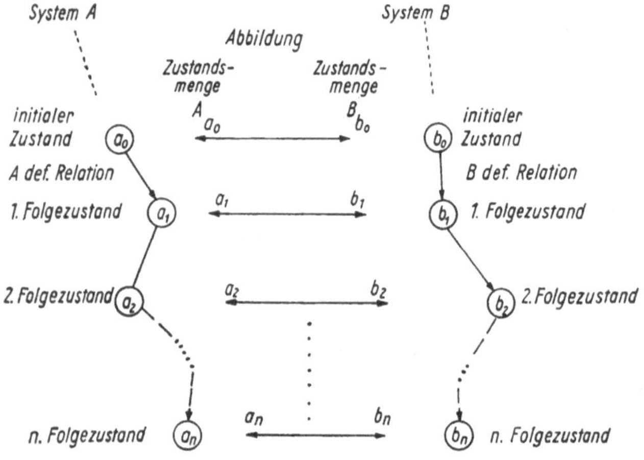

Abb. 3.7. Bedingungen für Isomorphie

nungen der Zustände in dem einen bzw. dem anderen System angesehen; das gilt auch für die Längen der Zeitintervalle, mit denen die Zustände in den Systemen einander folgen. Allein der Folge der Zustände gilt das Interesse.

Zwei Systeme sind zueinander *isomorph*, wenn eine umkehrbar eindeutige Abbildung beider Zustandsmengen möglich ist, so daß mit der Zuordnung zweier Zustände auch deren Folgezustände zugeordnet sind (Abb. 3.7). Notwendig und hinreichend dafür ist, daß die definierenden Relationen beider Systeme sich ineinander überführen lassen. Das in Abb. 3.8 dargestellte Beispiel zeigt zwei zueinander isomorphe Systeme.

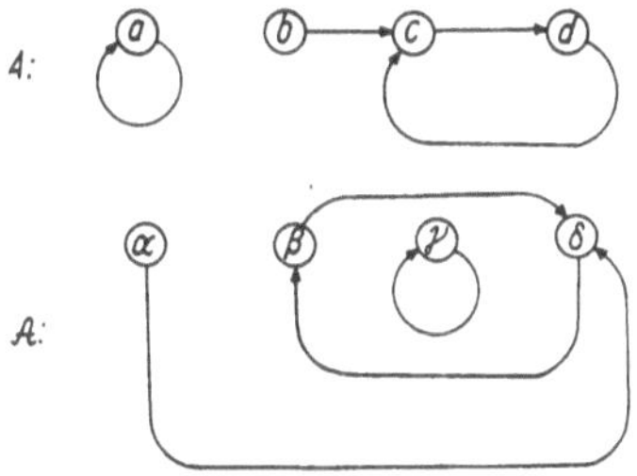

Abb. 3.8. Beispiel zweier isomorpher Systeme

$a \leftrightarrow \gamma$
$b \leftrightarrow \alpha$
$c \leftrightarrow \delta$
$d \leftrightarrow \beta$

Die umkehrbar eindeutige Abbildung

$$\begin{aligned} a &\leftrightarrow \gamma \\ b &\leftrightarrow \alpha \\ c &\leftrightarrow \delta \\ d &\leftrightarrow \beta \end{aligned}$$

führt die Relation

$$\{(a, a), (b, c), (c, d), (d, c)\} \quad \text{des Systems } A$$

in die Relation

$$\{(\alpha, \delta), (\beta, \delta), (\gamma, \gamma), (\delta, \beta)\} \quad \text{des Systems } B$$

über und umgekehrt.

Eine schwächere Beziehung zwischen den beiden Systemen ergibt sich, wenn man die Forderung nach umkehrbarer Eindeutigkeit fallen läßt:

Zwei abgeschlossene Systeme sind zueinander *homomorph,* wenn eine eindeutige Abbildung des einen Systems auf das andere derartig möglich ist, daß mit der Zuordnung zweier Zustände auch deren Folgezustände einander zugeordnet sind.

Abb. 3.9 zeigt ein Beispiel, in dem die vermittelnde Abbildung zwar eindeutig aber nicht umkehrbar eindeutig ist, somit eine homorphe Abbildung ist.

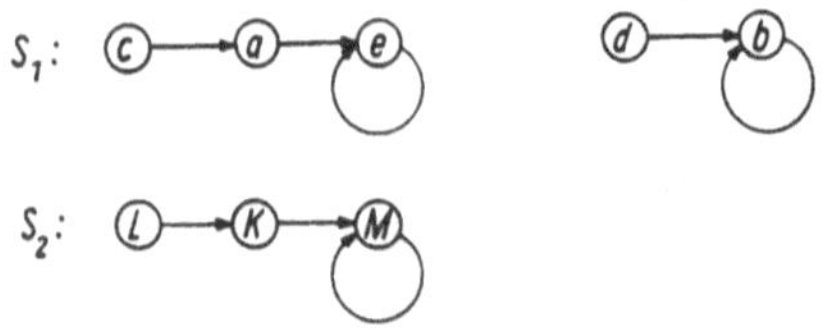

Abb. 3.9. Beispiel zur Homomorphie
$a \to K$
$b \to M$
$c \to L$
$d \to K$
$e \to M$

Hier wird durch die Abbildung

$$\begin{aligned} a &\to K \\ b &\to M \\ c &\to L \\ d &\to K \\ e &\to M \end{aligned}$$

die Relation

$$\{(a, e), (b, b), (c, a), (d, b), (e, e)\} \quad \text{des Systems } S_1$$

in die Relation

$$\{(K, M), (M, M), (L, K)\} \quad \text{des Systems } S_2 \text{ überführt,}$$

nicht aber umgekehrt.

Vereinigt man in S_1 die Zustände a und d in a' und b und e in b', so ergibt sich ein vereinfachtes System S_1' mit den Zuständen a', b', $c' = c$, und dieses System ist zu S_2 isomorph.

M heiße *Modell* des Originalsystems O, wenn es zu M ein homomorphes System M^* und zu O ein homomorphes

System O^* gibt, so daß M^* und O^* zueinander isomorph sind (Abb. 3.10).

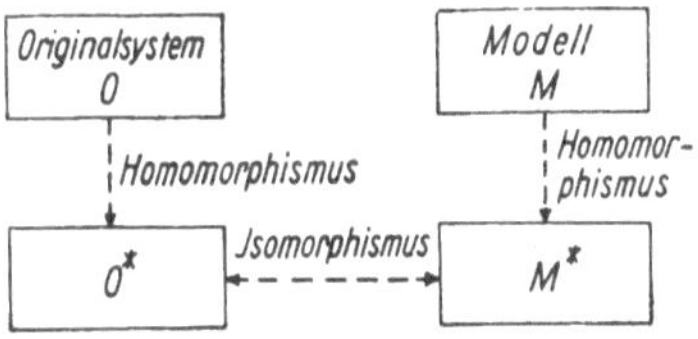

Abb. 3.10. Zum Modellbegriff

Dieser Modellbegriff läßt somit zu, daß nicht nur das Originalsystem nicht in allen Eigenschaften modelliert wird, sondern auch das Modellsystem u. U. Eigenschaften aufweist, die sich nicht im Originalsystem finden.

Abb. 3.11 erläutert dies an einem Beispiel. Sind alle

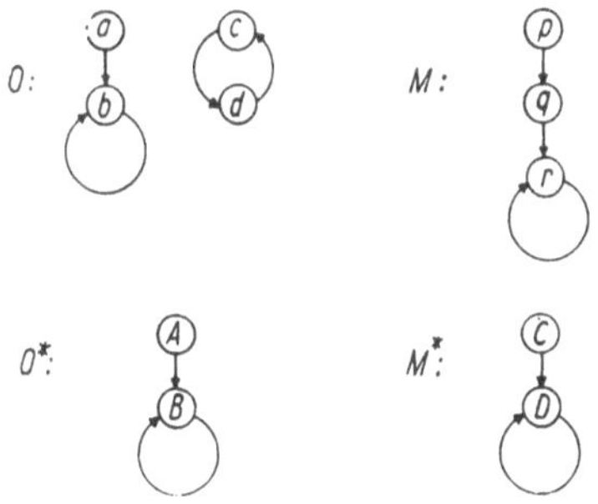

Abb. 3.11. Beispiel einer Modellierung, bei der das Modell Eigenschaften besitzt, die dem modellierten System nicht zukommen

0* ist homomorph zu 0	$a \to A$
	$b \to B$
	$c \to B$
	$d \to B$
M^* ist homomorph zu M	$p \to C$
	$q \to C$
	$r \to D$
0* und M^* sind isomorph	$A \leftrightarrow C$
	$B \leftrightarrow D$

Eigenschaften eines Modellsystems im Originalsystem zu finden, so spricht man von einem minimalen Modell. Ein minimales Modell ist isomorph zu einem homomorphen Abbild des Originalsystems.

4. Verhaltensmodell: Algorithmus — abstrakter Automat

Im folgenden werden formale Systeme betrachtet, deren Größen nur diskrete Werte annehmen, sei es, daß die Attribute der anstehenden realen Systeme nur in diskontinuierlichen Erscheinungsformen auftreten oder, daß der Modellierung eine solche Vorstellung zugrunde liegt. Dabei werde von dem Modell ein Gleichverhalten mit dem realen System nur zu bestimmten Zeitpunkten gefordert. Demzufolge wird dem formalen System ein diskreter Zeitablauf aufgeprägt, wobei den u. U. in unterschiedlichen Intervallen aufeinander folgenden Momenten die Zahlen $0, 1, 2, \ldots, t, t+1, \ldots$ zugeordnet werden. Das System sei determiniert, $\mathfrak{X}$ die Menge der Inputwerte, $\mathfrak{Y}$ die Menge der Outputwerte.

Im allgemeinen wird auf die gleiche Eingangsgröße je nach der Vorgeschichte eine unterschiedliche Outputgröße resultieren. Dem kann man im Rahmen eines Verhaltensmodells dadurch Rechnung tragen, daß man dem System einen „Zustand" aufprägt, der sich aus der Vorgeschichte bestimmt. Es sei $\mathfrak{Z}$ die Menge der Zustände, z_0 der initiale Zustand, aus dem heraus die einzelnen Experimente (Beobachtungen) ausgeführt werden. Durch diese Experimente werde das System, genauer die das System charakterisierenden Relationen in aufeinanderfolgenden Zeitpunkten erfaßt.

Ein einfaches Beispiel erläutere das Vorgehen. Dabei bleibe offen, ob das anstehende reale System ein Mensch oder eine maschinelle Einrichtung ist. Der Beobachter stelle fest, daß von dem System zwei einlaufende endliche und gleichlange Folgen aus den Ziffern 0 und 1 —

man spricht von Binärfolgen — verarbeitet werden, wobei eine Binärfolge resultiert; dem jeweilig eingelaufenen Ziffernpaar wird eine Ziffer als Ergebnis zugeordnet. Die Beobachtung zeige, daß das Ergebnis jedoch nicht durch das eingelaufene Paar eindeutig bestimmt ist, daß vielmehr zwei unterschiedliche Verarbeitungsweisen vorliegen. Eine ausreichend lange Beobachtungsreihe liefern dazu die folgenden Tabellen.

Verarbeitungsweise I

Input	0	0	1	1
	0	1	0	1
Output	0	1	1	0

Verarbeitungsweise II

Input	0	0	1	1
	0	1	0	1
Output	1	0	0	1

Der Beobachter weist daraufhin dem von ihm zu bildenden Modell zwei Zustände zu, z_0 und z_1, wobei z_0 die Verarbeitungsweise I bedingt, z_1 die Verarbeitungsweise II. Weiter zeigt die Beobachtung, daß zu Beginn einer neuen Paarfolge jeweils die Verarbeitungsweise I stattfindet, z_0 somit als initialer Zustand anzusetzen ist. Damit hat der Beobachter eine erste Relation erfaßt, die zwischen dem Input — dieser besitzt die beiden einlaufenden Ziffern als Komponenten, hat also Vektorcharakter —, dem Zustand und dem Output besteht.

Er kann diese Relation in Form einer bedingten Anweisung etwa wie folgt verbal fassen:

Wenn der Zustand z_0 vorliegt, so entsteht der Output 1 bei ungleichen (antivalenten) Inputkomponenten; wenn der Zustand z_1 vorliegt, so entsteht der Output 1 bei gleichen (äquivalenten) Inputkomponenten.

Weiterhin wird der Beobachter, der ja von der Annahme eines determinierten Systems ausgeht, nach einer zweiten Relation suchen, die den jeweils nachfolgenden Zustand in Abhängigkeit von dem jeweiligen Input und dem dabei anstehenden Zustand erfaßt. Die Beobachtungen liefern:

Input		0	0	1	1
		0	1	0	1
Zustand	z_0	z_0	z_0	z_0	z_1
	z_0	z_0	z_1	z_1	z_1

Von den in die Relationen eingehenden Werten sind Input und Output Binärziffern; es erscheint daher zweckmäßig, auch den Zustand binär darzustellen, ihn binär zu kodieren. In einfachster Weise bieten sich die Indizes an:

z_0 kodiert durch 0

z_1 kodiert durch 1.

Damit lassen sich die beiden Relationen wie folgt fassen:

Relation, die das Ergebnis bestimmt (*Ergebnisfunktion*)

Input	0	0	1	1	0	0	1	1
	0	1	0	1	0	1	0	1
Zustand	0	0	0	0	1	1	1	1
Output	0	1	1	0	1	0	0	1

Relation, die den Nachfolgezustand bestimmt (*Überführungsfunktion*)

Input	0	0	1	1	0	0	1	1
	0	1	0	1	0	1	0	1
Zustand	0	0	0	0	1	1	1	1
Nachfolgezustand	0	0	0	1	0	1	1	1

Damit lassen beide Relationen einfache verbale Fassungen zu:

Der Output nimmt den Wert 1 genau dann an, wenn eine oder drei Ziffern aus dem von Input und Zustand gebildeten Tripel den Wert 1 aufweisen.

Der Nachfolgezustand nimmt den Wert 1 genau dann an, wenn zwei oder drei Ziffern aus dem Tripel den Wert 1 aufweisen.

Diese Fassungen haben die Form von miteinander verknüpften Aussagen. Solche Formen sind Gegenstand des *Aussagekalküls*, dem an einer späteren Stelle Aufmerksamkeit zugewendet wird.

Die gewonnenen Relationen lassen im vorliegenden Fall eine sehr einfache Interpretation zu. Vereinigt man sie in einer Tabelle, indem als Resultat jeweils das Paar aus Nachfolgezustand und Output aufgetragen wird, so ist leicht ersichtlich, daß als Verarbeitungsprozeß die Addition dreier Binärziffern vorliegt; der Zustand ist in diesem Beispiel nichts anderes als der sich bei der Addition ergebende Übertrag.

Inputvektor	0	0	1	1	0	0	1	1
	0	1	0	1	0	1	0	1
Zustand (Übertrag)	0	0	0	0	1	1	1	1
Folgezustand/Output	00	01	01	10	01	10	10	11

Das untersuchte System wird in seinem Verhalten durch das mathematische Modell „Addition zweier Dualzahlen“ beschrieben.

Allgemein kann man eine auf diese Weise gewonnene Systembeschreibung als eine Vorschrift zur Durchführung des Prozesses angesehen werden, der bei einem Ablauf des realen Systems zustande kommt. Man nennt eine solche Programmvorschrift einen *Algorithmus*.

Ein Algorithmus enthält neben den Input und Output entsprechenden Parametern noch innere Parameter, die sich auch als Zustände des betreffenden Algorithmus auffassen lassen, wenn man in einer Erweiterung des Begriffs unter einem Algorithmus den durch die Vorschrift festgelegten Programmablauf versteht.

Man kann aber auch zu der Vorstellung greifen, daß die unter Abstraktion von der Realisierung des untersuchten Systems gewonnenen Relationen das Modell für ein System definieren, bei dem nicht an eine spezielle Realisierung gedacht wird. Ein solches Modell bezeichnet man als *abstrakten Automaten.*

Algorithmus und abstrakter Automat sind in diesem Sinn synonyme Begriffe. Die dabei beteiligten Objekte sind in einem Fall Parameter und die zwischen ihnen bestehenden Relationen, werden in konstruktiver Form als Funktionen, als Anweisungen gefaßt; im anderen Fall sind es Mengen und zwischen diesen bestehende Abbildungen. Endliche determinierte abstrakte Automaten sind im Rahmen der Kybernetik in mehrfacher Hinsicht von Interesse. Sie geben einmal ein abstraktes Modell für technische, organische oder organisierte Systeme ab — in der Computertechnik spricht man von „Hardware"-Gebilden —, anderseits stellen sie eine mathematische Formulierung eines Algorithmus, d. h. eines „Software"-Gebildes dar. Abstrakte Automaten sind Modell für das funktionelle Verhalten realer Systeme, nicht für deren technisches, organisches oder organisatorisches Verhalten; reale Systeme können dazu dienen, Algorithmen hardware-mäßig zu realisieren.

Ein endlicher determinierter abstrakter Automat A ist eine algebraische Struktur, die sich durch ein Quintupel beschreiben läßt:

$$A = (\mathfrak{X}, \mathfrak{Y}, \mathfrak{Z}, f, g).$$

Dabei sind $\mathfrak{X}$, $\mathfrak{Y}$ und $\mathfrak{Z}$ endliche Mengen:

$\mathfrak{X}$	die Menge der Inputsymbole,
$\mathfrak{Z}$	die Menge der Zustände,
$\mathfrak{Y}$	die Menge der Outputsymbole,
$f\colon \mathfrak{X} \times \mathfrak{Z} \to \mathfrak{Z}$	die Überführungsfunktion,
$g\colon \mathfrak{X} \times \mathfrak{Z} \to \mathfrak{Y}$	die Ergebnisfunktion.

Die Überführungsfunktion ordnet jedem Input-Zustandspaar den Nachfolgezustand zu, sie bildet also die Verbundmenge aus Input- und Zustandsmenge auf die Zustandsmenge ab.

Die Ergebnisfunktion ordnet jedem Input-Zustandspaar den Outputwert zu, sie bildet also die Verbundmenge aus Input- und Zustandsmenge auf die Outputmenge ab.

Diese Abbildungen werden dem sequentiellen Ablauf entsprechend durch

$$z_{t+1} = f(x_t, z_t)$$
$$y_t = g(x_t, z_t)$$

interpretiert, wobei der Index den Zeitpunkt, den Takt markiert. Für das leere Wort e gilt dabei

$$f(e, z) = z, \quad g(e, z) = e.$$

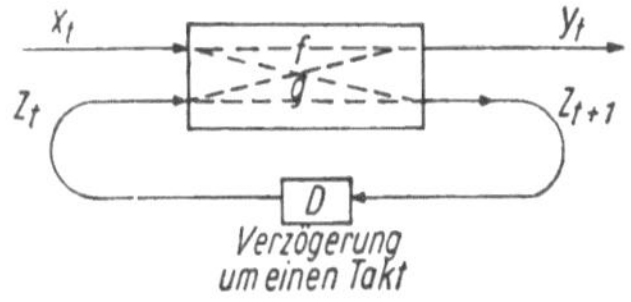

Abb. 4.1. HUFFMANsches Automatenmodell

Dieser Beschreibung entspricht das Automatenmodell von HUFFMAN (Abb. 4.1).

Beispiel: Es sei

$\mathfrak{X} = \{\alpha, \beta\}$ die Menge der Inputwerte,
$\mathfrak{Y} = \{0, 1\}$ die Menge der Outputwerte und

$\mathfrak{Z} = \{a, b, c, d\}$ die Menge der Zustände.

Die Überführungsfunktion f sei durch die Tafel

	a	b	c	d
α	a	c	d	a
β	b	d	c	c

gegeben, die Ergebnisfunktion g durch

	a	b	c	d
α	0	1	1	0
β	1	0	1	0.

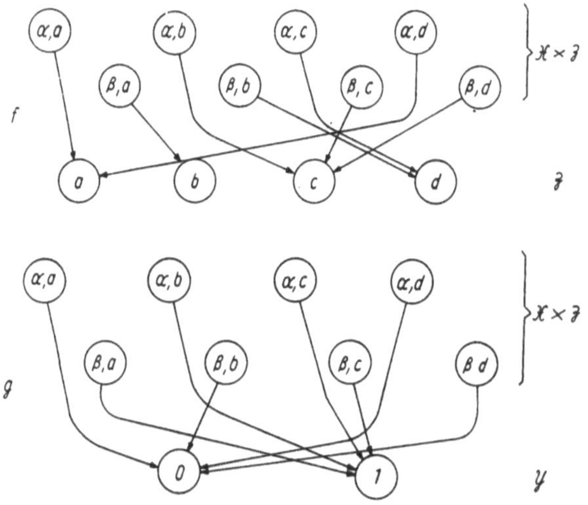

Abb. 4.2. Zum Automaten-Beispiel im Text: Überführungs- und Ergebnisfunktion als Abbildungen

Abb. 4.2 zeigt die diesen Funktionen entsprechenden Abbildungen der Produktmenge $\mathfrak{X} \times \mathfrak{Z}$ in die Menge $\mathfrak{Z}$ bzw. $\mathfrak{Y}$, während in Abb. 4.3 die das System charakterisierende Relation als Teilmenge der vier Mengen umumfassenden Produktmenge $\mathfrak{X} \times \mathfrak{Z} \times \mathfrak{Z} \times \mathfrak{Y}$ dargestellt wird. Abb. 4.4 schließlich beschreibt das System durch einen Zustandsgraphen.

Gibt man in einen *initialen Automaten,* d. i. ein Automat mit einem bestimmten Anfangszustand, eine Folge von Eingangssymbolen ein, so nimmt dieser eine Folge von Zuständen an, und ausgegeben wird eine Folge von Symbolen der Outputmenge. Ordnet man die Elemente einer Symbolmenge in bestimmter Weise an, so kann man

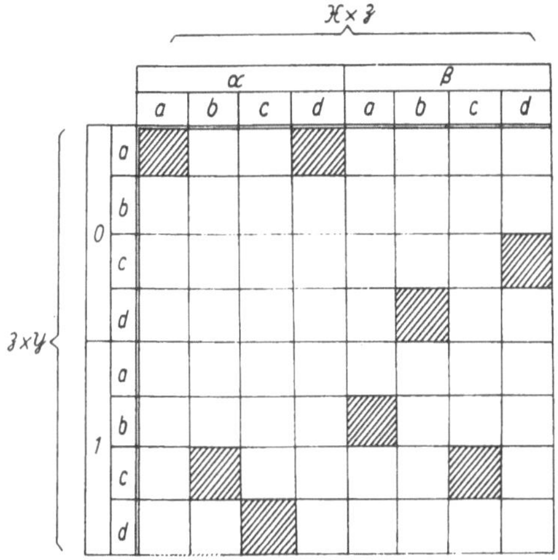

Abb. 4.3. Zum Automaten-Beispiel im Text:
Charakterisierung durch eine Relation zwischen der Produktmenge aus Input und derzeitigem Zustand und der Produktmenge aus Output und Folgezustand

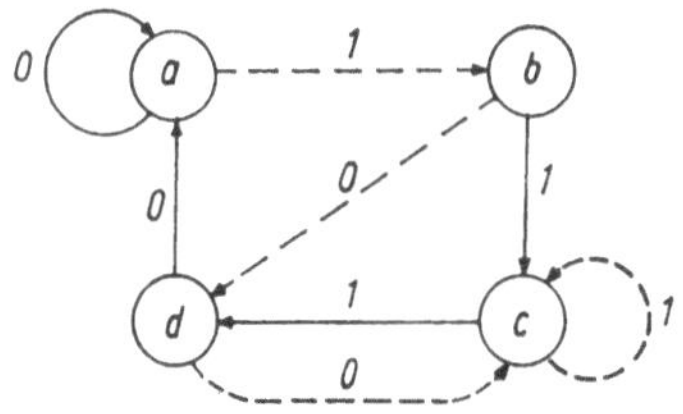

Abb. 4.4. Zum Automaten-Beispiel im Text:
Darstellung durch einen Zustandsgraphen

sie als Alphabet interpretieren. Eine Symbolfolge läßt sich dann als ein Wort über dem vorliegenden Alphabet auffassen. In dieser Sprechweise läßt sich sagen, daß ein initialer Automat auf ein Eingabewort mit einem Ausgabewort reagiert. Unter der Vorstellung einer Abbildung besagt dies: Ein bestimmter initialer Zustand legt eine

Abbildung der Menge der Eingabewörter in die Menge der Ausgabewörter fest. Man spricht von einer *Automatenabbildung*.

Sie besitzt die folgenden beiden Eigenschaften:

1. Originalwort und Bildwort haben gleiche Wortlänge.
2. Haben zwei Originalwörter das gleiche m-stellige Anfangswort, so sind auch bei den Bildwörtern die m-stelligen Anfangswörter gleich.

Beispiel: Der Automat aus dem obigen Beispiel liefert mit a als initialem Zustand

zu den Originalwörtern	$\beta\,\beta\,\alpha\,\alpha$	bzw.	$\beta\,\beta\,\alpha\,\beta\,\beta$
die Zustandsfolgen	$a\,b\,d\,a\,a$		$a\,b\,d\,a\,b\,d$
und die Bildwörter	1000		10010.

Auf die gleichen Anfangswörter $\beta\beta\alpha$ in den Originalen resultieren im Bild ebenfalls gleiche Anfangswörter 100.

Es ist leicht einzusehen, daß sich zu jeder Wortabbildung, die die beiden obigen Eigenschaften besitzt, ein initialer Automat angeben läßt, der diese Abbildung vermittelt. Unter Umständen besitzt dieser Automat allerdings eine unendliche Zustandsmenge. Man ordne jedem Originalwort einen Zustand zu, dem leeren Wort den initialen Zustand. Dies entspricht der ursprünglichen Vorstellung, daß im Zustand die Vorgeschichte erfaßt wird. Die Überführungsfunktion definiert man nun so, daß ein bestehender Zustand durch ein Eingabesymbol in den Zustand überführt wird, der dem Wort entspricht, das durch Anhängen des Eingabesymbols rechts an das dem seitherigen Zustand entsprechende Wort entsteht.

Beispiel: Es soll die folgende partiell definierte Automatenabbildung realisiert werden:

$$a \to b$$
$$b \to a$$
$$aa \to ba$$
$$ab \to bb$$
$$bb \to aa.$$

Für den diese Abbildung realisierenden Automaten werde gesetzt:

$$\mathfrak{X} = \mathfrak{Y} = \{a, b\},$$

$$\mathfrak{Z} = \{z_0, z_1 = a, z_2 = b, z_3 = aa, z_4 = ab, z_5 = bb\}.$$

Dabei ist z_0 der Initialzustand.

Die Tafeln für Überführungs- und Ergebnisfunktion sind dann

	z_0	z_1	z_2	z_3	z_4	z_5
a	z_1	z_3				
b	z_2	z_4	z_5			

	z_0	z_1	z_2	z_3	z_4	z_5
a	b	a				
b	a	b	a			

Es entsteht ein Automat, der nicht an allen Stellen definiert ist, ein *partieller Automat.* Über die nicht festgelegten Stellen kann beliebig verfügt werden.

Bei der Informationsverarbeitung wird aus einer Eingangsinformation eine Ausgangsinformation erzeugt. Dieser Prozeß läßt sich als eine Wortabbildung auffassen. Daraus wird ersichtlich, daß im Rahmen der Kybernetik den abstrakten Automaten mit ihrer Eigenschaft, Wortabbildungen zu realisieren, große Bedeutung zukommt.

Zunächst jedoch erscheint diese Möglichkeit durch die obigen beiden Bedingungen zur Automatenabbildung stark eingeengt. Unter Einbeziehung eines bedeutungslosen Hilfsbuchstaben in das Input- und Outputalphabet läßt sich diese Einschränkung jedoch durch eine geeignete Umkodierung der Eingangs- und der Ausgangswörter beseitigen: Man füge an jedes Originalwort rechts soviel Hilfsbuchstaben an, wie das zugehörige Bildwort Buchstaben enthält, und links vor das Bildwort setze man soviel Hilfsbuchstaben, wie das Originalwort besitzt. Die so entstandenen Original- und Bildwörter erfüllen dann die beiden an eine Automatenabbildung zu stellenden Bedingungen.

Ein Beispiel erläutere das Verfahren.

Vorgelegt sei die Abbildung

$$a\,b\,a\,b \to x\,y$$
$$a\,b\,a\,a\,a \to y\,x\,x.$$

Es ist keine der obigen Forderungen erfüllt.

Nach Umkodierung ergeben sich, wenn $*$ als bedeutungsloser Hilfsbuchstabe verwendet wird

$$a\,b\,a\,b\,*\,* \to *\,*\,*\,*\,x\,y$$
$$a\,b\,a\,a\,a\,*\,*\,* \to *\,*\,*\,*\,*\,y\,x\,x.$$

Nun sind beide Bedingungen erfüllt.

Zustände eines Automaten heißen *verhaltensäquivalent*, wenn sie die gleiche Abbildung der Menge der Eingabewörter in die Menge der Ausgabewörter erzeugen.

Dieser Begriff läßt sich auch auf zwei Automaten anwenden: Zustände zweier Automaten, die die gleiche Menge von Eingabesymbolen und die gleiche Menge von Ausgabesymbolen besitzen, sind *äquivalent*, wenn sie die gleiche Abbildung der Menge der Eingabewörter in die Menge der Ausgabewörter erzeugen. Zwei Automaten heißen *verhaltensäquivalent*, wenn zu jedem Zustand des ersten Automaten ein ihm äquivalenter Zustand des zweiten Automaten existiert und umgekehrt zu jedem Zustand des zweiten Automaten ein ihm äquivalenter Zustand des ersten Automaten.

Liegt ein abstrakter Automat als Verhaltensmodell vor, so ist die Frage naheliegend, ob sich dieses Modell nicht u. U. vereinfachen lasse. Dies führt zu der Aufgabe, zu einem vorgelegten Automaten ein im Verhalten äquivalenten Automaten mit möglichst wenigen Zuständen zu gewinnen.

Dazu muß man die Zustandsmenge so in Klassen zerlegen, daß in jeder Klasse genau solche Zustände zu liegen kommen, die auf gleiche Eingabefolgen auch gleiche Ausgabefolgen liefern. Danach sind alle Zustände jeweils einer Klasse durch einen Repräsentanten zu ersetzen.

Es bietet sich u. a. das folgende Verfahren an:

Man gehe von der Menge aller Zustandspaare aus und ordne jedem Paar in einer Niederschrift eine Zelle zu. Alle Zellen, für die die Ergebnisfunktion unterschiedliche Ausgabepaare liefert, werden eliminiert. In die übrigen Zellen trägt man die Paare der Nachfolgezustände ein, wie sie sich aus der Überführungsfunktion ergeben. Sodann durchmustere man für jedes schon ausgeschiedene Paar die verbliebenen Zellen, um festzustellen, ob in einer verbliebenen Zelle als Nachfolgepaar ein schon ausgeschiedenes Paar steht. Eine solche Zelle wird nun ebenfalls eliminiert. Im weiteren ist dann auch für sie eine Durchmusterung der nun verbliebenen Zellen durchzuführen. Bei einem Automaten mit endlich vielen Zuständen tritt in jedem Fall nach endlich vielen Durchmusterungen die Endsituation auf, daß keine Durchmusterung eine weitere Elimination fordert.

Die verbliebenen Paare sind verhaltensäquivalent und lassen sich in Äquivalenzklassen gruppieren.

Im folgenden Beispiel werde das Verfahren erläutert.

Vorgelegt werde der abstrakte Automat

	a	b	c	d	e	f	g
α	e	g	d	c	a	c	f
β	f	d	b	g	b	c	b

	a	b	c	d	e	f	g
α	0	0	1	1	1	1	1
β	1	1	0	1	0	1	0

In der nach der obigen Vorschrift gebildeten Zellenstruktur sind den Zuständen jeweils die bei den verschiedenen Inputwerten resultierenden Outputwerte beigefügt, um die Durchmusterung zu erleichtern.

Es resultieren die folgenden Äquivalenzklassen:

$$(a), (b), (c, g), (d, f), (e).$$

Damit ergibt sich als äquivalenter Automat mit kleinster Anzahl von Zuständen

		a	b	c	d	e	f	g
		0 1	0 1	1 0	1 1	1 0	1 1	1 0
g	1 0	——	——	f d b b	——	f | a b | b	——	f f b b
f	1 1	——	——	——	c c c g	——	c c c c	
e	1 0	——	——	a | d b | b	——	a a b b		
d	1 1	——	——	——	c c g g			
c	1 0	——	——	d d b b				
b	0 1	g ‖ e d ‖ f	g g d d					
a	0 1	e e f f						

Zelle [——] eliminiert, da unterschiedliche Ausgabe,

Zelle [|] bei der ersten Durchmusterung eliminiert,

Zelle [‖] bei der zweiten Durchmusterung eliminiert.

	a	b	c	d	e
α	e	c	d	c	a
β	d	d	b	c	b

	a	b	c	d	e
α	0	0	1	1	1
β	1	1	0	1	0.

Die Ergebnisfunktion wurde oben als Funktion zweier Argumente eingeführt. In dieser Form wurde das Modell von G. H. MEALY 1955 geschaffen. Man spricht daher von einem MEALY-Automaten. Im sogenannten MOORE-Automaten dagegen hängt der Output nur von dem jeweiligen Nachfolgezustand ab. Man bezeichnet dabei die Ergebnisfunktion als Markierungsfunktion (Abb. 4.5).

Artet die Markierungsfunktion zur Identität aus, — der Zustand ist dann zugleich Ausgabewert — so liegt ein MEDWEDJEW-Automat vor.

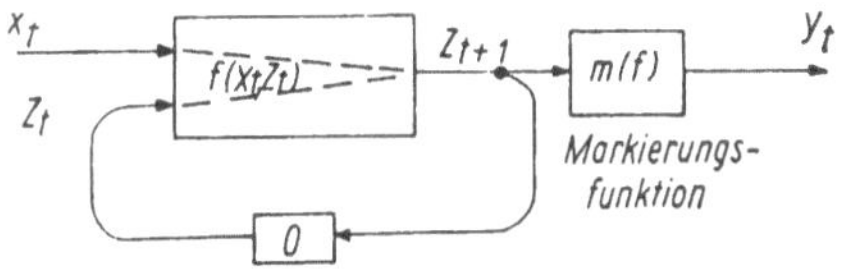

Abb. 4.5. Schema eines MOORE-Automaten

Besteht bei einem MOORE-Automaten das Outputalphabet aus nur zwei Symbolen, etwa 0 und 1, so kann anstelle der Markierungsfunktion die Angabe der Zustände treten, die den Output 1 liefern.

Dieser Automaten-Typ ist für linguistische Fragen von Bedeutung. Betrachtet man als Resultat einer eingegebenen Inputfolge nur den zuletzt erreichten Outputwert, so bietet der Automat die Möglichkeit, alle über dem Inputalphabet zu bildenden Wörter zu klassifizieren. Die eine Klasse umfaßt alle Wörter, die in den Automat eingegeben zum Outputwert 1 führen, die andere Klasse die zum Outputwert 0 führenden Wörter. In dem Fall, daß ein Wort zum Output 1 führt, pflegt man zu sagen, der Automat akzeptiere dieses Wort, in dem anderen Fall, er weise das Wort zurück. Sind nun alle Wörter (Sätze), die der Automat akzeptiert, genau die Wörter (Sätze) einer Sprache, so sagt man „Der Automat akzeptiere diese Sprache.“ Der Automat bietet somit die Möglichkeit zu entscheiden, ob ein vorgelegtes Wort (ein vorgelegter Satz) zu dieser Sprache gehört. Solche erkennenden Automaten haben in der Theorie formaler Sprachen ihre besondere Bedeutung.

Besteht das Inputalphabet aus einem einzigen Symbol, so hat der Input keinerlei Einfluß auf den Ablauf; er ist unwesentlich. Die Zustände folgen in einer bestimmten

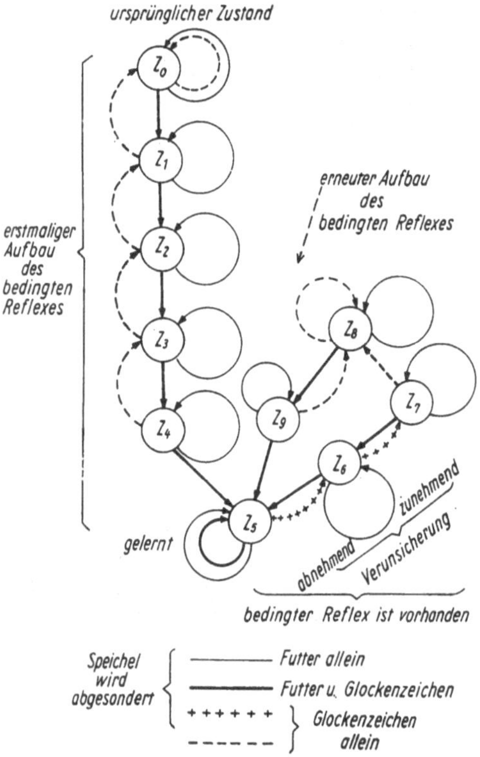

Abb. 4.6. Modellierung der Entstehung eines bedingten Reflexes durch einen abstrakten Automaten

Weise aufeinander. Solche autonomen Automaten haben im Rahmen der Computertechnik Interesse, so beispielsweise als mathematisches Modell für Zählwerke. Die einlaufenden Impulse steuern dabei die Intervallfolge und stellen das Zählwerk, die „Uhr", jeweils um einen bestimmten Betrag weiter.

Die Theorie abstrakter Automaten hat ihre Erweiterung auch auf nichtdeterminierte und auf stochastische

Prozesse gefunden. Die den vorliegenden Betrachtungen gezogenen engen Grenzen ermöglichen nicht, darauf näher einzugehen [4].

Auch kontinuierliche Systeme werden hier nicht in den Rahmen der Betrachtungen einbezogen.

Dagegen wird von sogenannten linearen Automaten an einer späteren Stelle Gebrauch gemacht. Sie entstehen als Spezialfälle, wenn man die in den Abbildungen auftretenden Operationen durch die Forderung nach Linearität einschränkt. Die besondere Bedeutung linearer Automaten liegt in der Möglichkeit, sie u. a. zur Steuerung von Rechenautomaten, zur Realisierung fehlerkorrigierender Kodes im Rahmen der Nachrichtentechnik und zur Erzeugung von Zufallszahlen zu verwenden. Von mathematischer Seite finden sie Interesse, da sie die Ergebnisse einer modernen Algebra anwenden lassen.

Dieser Abschnitt werde mit einem Beispiel abgeschlossen, das die Möglichkeit zeigt, auch für nichttechnische Vorgänge im abstrakten Automaten ein zweckmäßiges Modell zu finden. Es simuliert in vereinfachter Form die Entstehung eines bedingten Reflexes, wobei Lern- und Vergessens-Phase berücksichtigt werden (Abb. 4.6).

5. Der Ereigniskalkül — ein Mittel zur automatenfreien Beschreibung der Verhaltensweise eines Automaten

Eine Gesamtheit von Experimenten, die an einem Automaten in Form von eingegebenen Eingangsfolgen durchgeführt und unter dem Gesichtspunkt des dabei jeweils resultierenden letzten Ausgangssymbols zusammengefaßt werden, bezeichnet man als ein *Ereignis*. Ein initialer binärer Automat läßt sich durch Angabe des Ereignisses 1 beschreiben, d. h. durch Angabe aller Eingangsfolgen, für die als letztes Ausgangssymbol eine 1 resultiert. Eine solche Beschreibung des Verhaltens basiert auf der Vorstellung von Zuständen und zwischen diesen stattfindenden Übergängen. Eine dagegen automatenfreie Darstellung des Verhaltens läßt sich mittels des von S. C. Kleene geschaffenen Ereigniskalküls gewinnen.

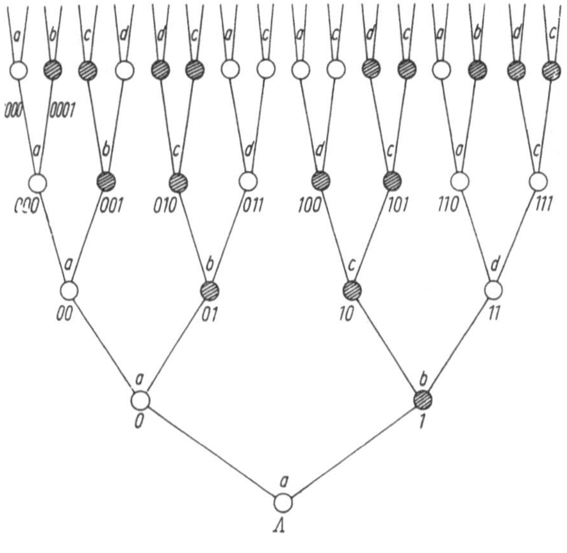

Abb. 5.1. Baumdarstellung eines Binärautomaten

Man gehe von einer graphischen Darstellung eines Binärautomaten aus, bei der die Eingangsfolgen als Zustände deklariert werden. Von dem Anfangszustand aus – ihm werde das „leere Eingangssymbol" Λ zugeordnet – läßt sich ein dem Eingangsalphabet $\{0, 1\}$ entsprechend verzweigter unendlicher Baum konstruieren. In ihm werden nun alle Eingangsfolgen, die zu dem Ereignis 1 führen, markiert. Abb. 5.1 gibt dazu ein Beispiel.

Prinzipiell könnte nun das den betreffenden Automaten charakteristische Ereignis durch Aufführung aller markierten Eingangsfolgen in einer u. U. unendlichen Liste beschrieben werden. Eine geschlossene Darstellung bietet der Ereigniskalkül, der darauf abzielt, ein komplexes Ereignis aus Elementarereignissen aufzubauen. Dabei ist unter einem Elementarereignis ein einzelnes Symbol aus dem Eingabealphabet — beim binären Alphabet also 0 oder 1 — oder das leere Symbol Λ zu verstehen.

Nun werden Operationen eingeführt, die aus Ereignissen wieder Ereignisse erzeugen.

1. Es seien E_1 und E_2 zwei Ereignisse. Unter der *Disjunktion* $(E_1 \vee E_2)$ ist das Ereignis zu verstehen, das alle Wörter, d. h. Eingangsfolgen umfaßt, die entweder zum Ereignis E_1 oder zum Ereignis E_2 gehören.

2. Es seien E_1 und E_2 zwei Ereignisse. Unter dem *Ereignisprodukt* $(E_1 \cdot E_2)$ ist das Ereignis zu verstehen, das alle Wörter umfaßt, die durch Anreihen eines Wortes aus E_2 rechts an ein Wort aus E_1 entstehen.

3. Ist E ein Ereignis, so versteht man unter der *Iteration* $\langle E \rangle$ das Ereignis, das durch Disjunktion aus dem leeren Symbol, dem Ereignis E und allen den Ereignissen entsteht, die aus E durch ein- oder mehrmalige Produktbildung mit E hervorgehen.

$$\langle E \rangle = \Lambda \vee E \vee (E \cdot E) \vee (E \cdot E \cdot E) \vee \cdots.$$

$\langle E \rangle$ umfaßt unendlich viele disjunktiv miteinander verknüpfte Glieder.

Ein Ereignis, das sich aus Elementarereignissen mit Hilfe der obigen drei Operationen in endlich vielen Schritten aufbauen läßt, heißt *reguläres Ereignis*.

Die regulären Ereignisse haben in der Automatentheorie dominierende Bedeutung, da für sie die folgenden Sätze gelten:

1. Ein Ereignis 1, das einen endlichen Binärautomaten beschreibt, ist ein reguläres Ereignis.

2. Zu jedem regulären Ereignis gibt es einen endlichen Automaten, so daß das reguläre Ereignis als Ereignis 1 aufgefaßt diesen Automaten beschreibt.

Auf den Beweis dieser Sätze sowie auf die entsprechenden konstruktiven Algorithmen kann hier nicht näher eingegangen werden; der interessierte Leser sei auf die Literatur verwiesen [5].

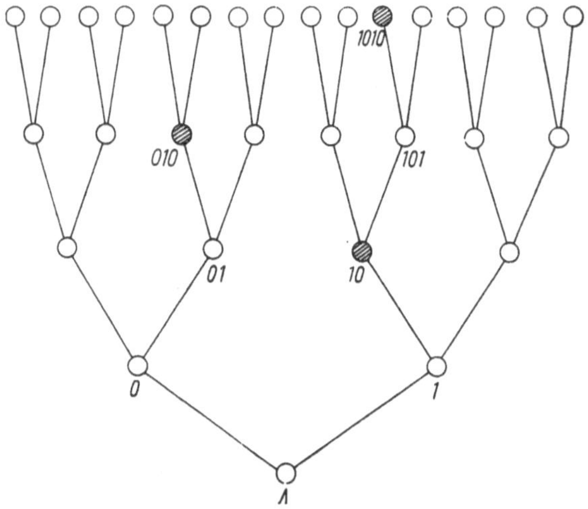

Abb. 5.2. Beispiel für die Darstellung der durch Experimente der Länge 4 gewonnenen Verhaltensweise eines zur Untersuchung anstehenden Automaten

Ein **Beispiel** erläutere lediglich das Dargebotene: An einem System mit binärem Ein- und Ausgang ist das Verhalten bei allen Experimenten der Länge 4 bestimmt worden.

Das Ereignis 1 tritt bei den Eingabefolgen

10, 010 und 1010 ein.

In dem Teilbaum von Abb. 5.2 ist das Ereignis durch Markierung dargestellt.

Eine mögliche Beschreibung als reguläres Ereignis ist z. B. durch

$$E = 10 \vee 010 \vee 1010 \text{ möglich.}$$

Dabei sind nur die Operationen 1. und 2. zur Verwendung gekommen.

Eine andere mögliche Beschreibung ist

$$E = (10 \vee 010) \cdot \langle 10 \rangle.$$

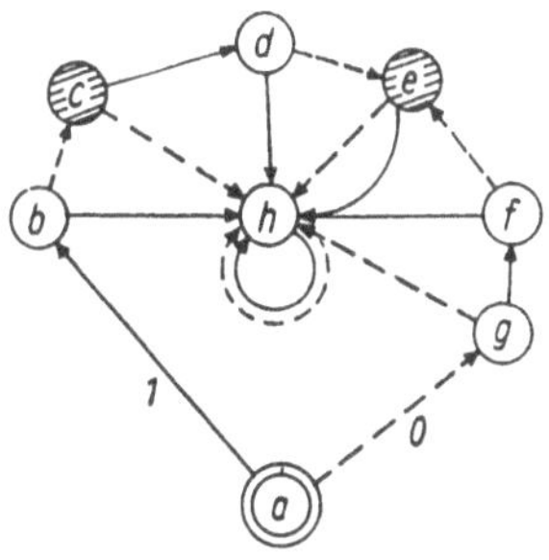

Abb. 5.3. Automat mit einer den Experimenten gemäß Abb. 5.2 genügenden Verhaltensweise dem regulären Ereignis 10 v 010 v 1010 entsprechend

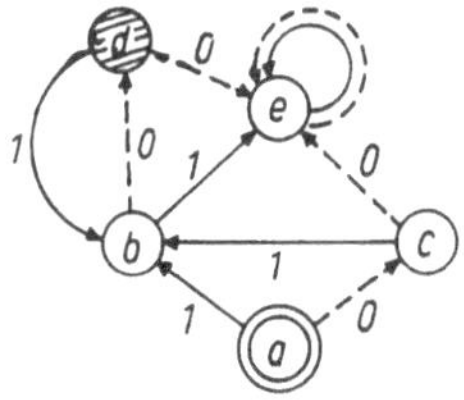

Abb. 5.4. Automat mit einer den Experimenten gemäß Abb. 5.2 genügenden Verhaltensweise dem regulären Ereignis (10 v 010).⟨10⟩entsprechend

Abb. 5.3 und 5.4 zeigen zugehörige Verhaltensmodelle. Man beachte, daß ein Gleichverhalten mit dem zur Untersuchung anstehenden System hierbei nur für Eingabenfolgen angestrebt wurde, die maximal vier Symbole enthalten.

6. Strukturmodell

In den vorausgegangenen Betrachtungen wurde dargelegt, wie die aus Experimenten gewonnene Verhaltensweise eines dynamischen Systems in Form eines abstrakten Automaten dargestellt werden kann. Ein Verhaltensmodell gibt aber noch nicht die Möglichkeit, das Verhalten zu „verstehen“, es „erklären“ zu können. Verstehen und erklären tragen dabei relativen Charakter: Das Verhalten eines komplexen Systems wird zurückgeführt auf das Verhalten einfacherer Teilsysteme, von denen man annimmt, daß ihr Verhalten verstanden wird. Insofern hat auch ein Strukturmodell nur relativen Charakter, als es mehr oder weniger freisteht, was dabei als Elementarsystem, als „Baustein“, aufzufassen ist.

Den weiteren Betrachtungen werden binäre Systeme zugrunde gelegt. Alle auftretenden Größen müssen entsprechend binär kodiert werden. Dabei bietet sich in erster Linie der (1 aus n)-Kode an: Jedem Element aus einer n Elemente umfassenden Menge wird ein anderer aus n Komponenten bestehender Vektor zugeordnet, von dessen Komponenten nur eine 1, die übrigen 0 sind.

Beispiel: Umkodierung der Menge $\{a, b, c, d\}$ mittels (1 aus 4)-Kode.

$$\begin{aligned} a &- 1000 \\ b &- 0100 \\ c &- 0010 \\ d &- 0001. \end{aligned}$$

Der zuvor auf *einer* Signallinie erfolgende Informationsfluß kann nach der Umkodierung auf parallelen Linien erfolgen, wobei jede Linie nur eine binäre Information zu tragen hat; man kann aber auch nach der Umkodierung mit *einer* Signallinie auskommen, indem man die

Binärsymbole des Kodes nicht gleichzeitig auf parallelen Linien, sondern sequentiell auf der gleichen Linie laufen läßt.

Im abstrakten Automaten wird die Einflußnahme der Vorgeschichte auf den weiteren Ablauf in globaler Weise von dem Zustand des Automaten übernommen. In einem Strukturmodell dagegen verteilt sich die speichernde Eigenschaft auf die einzelnen Bauelemente. Was im abstrakten Automaten ein bestimmter Zustand ist, ist im Strukturmodell eine bestimmte Kombination von Zuständen der beteiligten Bauelemente.

Um die weiteren Betrachtungen möglichst einfach zu halten, sollen im Rahmen der Strukturmodelle binäre Speicherelemente angesetzt werden, denen die folgenden Eigenschaften zukommen:

1. Das einzelne Speicherelement wird, wie das gesamte Modell, nur zu diskreten Momenten einer Zeitfolge betrachtet.

2. Jedes Speicherelement hat mindestens eine Eingangs- und eine Ausgangslinie. Es ist Quelle für die auf seinen Ausgangslinien laufenden binären Signale. Gehen von einem Speicherelement mehrere Ausgangslinien aus, so trägt jedes Paar von Ausgangslinien entweder zu allen Zeitpunkten untereinander gleiche, oder zu allen Zeitpunkten zueinander komplementäre Signale. *Eine* Ausgangslinie ist ausgezeichnet. Das auf ihr auslaufende Signal charakterisiert zugleich den Zustand des Speicherelements.

3. Jeder der beiden möglichen Zustände kann durch eine geeignete Eingabe zum nächsten Zeitpunkt beliebig in einen der beiden Zustände überführt werden: Das Element kann beliebig gesteuert werden.

Ob das Speicherelement technischer, organischer oder anderer Natur ist, ist hier ohne Belang.

Die symbolische Darstellung eines solchen Speicherelements zeigt Abb. 6.1.

Das Strukturmodell enthält Angaben, wie die einzelnen

Bauelemente miteinander verbunden sind, wie also Ausgangssignale der Speicherelemente einzeln oder in bestimmtem Zusammenspiel auf andere Speicherelemente als Eingangssignale einwirken.

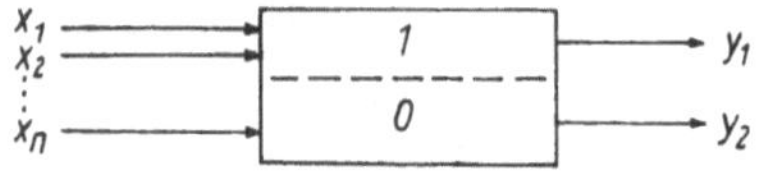

Abb. 6.1. Symbol für ein binäres Speicherelement

Geht man von der Vorstellung aus, daß binäre Signale auf Grund bestimmter Schalterstellungen zustandekommen, so entspricht den Verknüpfungen von Signalen ein Zusammenspiel von Schaltern. Die Formalisierung solcher Vorgänge führt zu der SHANNONschen Schaltalgebra. Diese ist aber nur eine andere Bezeichnung für den zweiwertigen Aussagekalkül, der sich durch Formalisierung im Rahmen von Aussageverknüpfungen ergibt.

Unter einer Aussage ist ein Satz zu verstehen, der sich hinsichtlich seiner inhaltlichen Wahrheit bewerten läßt.

a: Die Katze ist ein Säugetier.
b: Die Katze ist ein Vogel.
c: Das Tier ist ein Vogel.

Die Sätze *a* und *b* stellen Aussagen dar, denn sie lassen eine Bewertung ihres Inhalts zu. Die Aussage *a* ist wahr, die Aussage *b* ist falsch.

Demgegenüber ist der Wahrheitsgehalt von *c* zunächst nicht anzugeben; er hängt davon ab, in welchem Zusammenhang dieser Satz auftritt, auf welches spezielle Tier sich der Satz bezieht. In Anlehnung an mathematische Sprechweise bezeichnet man Aussagen wie *a* und *b* als Konstante, während man Aussagen wie *c* als Variable auffaßt.

Nun können aus Aussagen wieder neue Aussagen, evtl. kompliziertere Aussagen gebildet werden.

Aus einer Aussage läßt sich durch Verneinung eine

weitere Aussage gewinnen, wobei beide hinsichtlich ihres Wahrheitsgehalts zueinander komplementär sind. Durch diese als *Negation* bezeichnete Operation lassen sich z. B. aus den obigen Aussagen a, b, c die Aussagen

$\bar{a}$: Die Katze ist kein Säugetier.
$\bar{b}$: Die Katze ist kein Vogel.
$\bar{c}$: Das Tier ist kein Vogel.

gewinnen. Bildet man zu diesen Aussagen wieder die Negation, so ergeben sich die ursprünglichen Aussagen.

Im Rahmen einer Formalisierung ordnet man Aussagen „Namen" zu, Konstanten etwa die Buchstaben $a, b, c, \cdots$, Variablen $x, y, z, \cdots$.

Als Operationszeichen für die Negation verwendet man das vor den Namen gesetzte Zeichen $\neg$, oft auch den über den Namen gesetzten Negationsstrich $^{-}$.

$$a \text{ nicht: } \neg a = \bar{a},$$

$$\neg(\neg a) = \overline{(\bar{a})} = a.$$

In der Umgangssprache verwendet man zur Verknüpfung von Aussagen Konjunktionen, wie

und, oder, entweder-oder, genau dann-wenn, wenn-dann, weder-noch, -und- beide nicht.

Wegen der oft ungenauen Anwendung dieser Bindewörter ist es jedoch unzweckmäßig, die Bedeutung der einzelnen Verknüpfungsoperationen durch die sprachliche Bedeutung definieren zu wollen. Es ist vielmehr angebracht, die Bedeutung der Operationszeichen durch Tabellen festzulegen. Der Wahrheitswert einer komplexen Aussage wird darin im Zusammenhang mit der Art der Verknüpfung durch die Wahrheitswerte der Teilaussagen bestimmt.

Im folgenden seien die wichtigsten Operationszeichen zusammen mit den üblichen sprachlichen Fassungen und den Definitionstabellen angeführt. Dabei werde einer Aussage, wenn sie wahr ist, der Wahrheitswert 1 zugeordnet, wenn sie falsch ist, der Wahrheitswert 0.

Negation: a nicht $\bar{a}$ $\neg a$

a	$\bar{a}$
0	1
1	0

Konjunktion: a und b, sowohl a als auch b $a \cdot b$ $a \wedge b$

a	b	$a \cdot b$
0	0	0
0	1	0
1	0	0
1	1	1

Disjunktion: a oder b $a + b$ $a \vee b$

a	b	$a+b$
0	0	0
0	1	1
1	0	1
1	1	1

Äquivalenz: a genau dann, wenn b $a \equiv b$

a	b	$a \equiv b$
0	0	1
0	1	0
1	0	0
1	1	1

Antivalenz: entweder a oder b $a \not\equiv b$

a	b	$a \not\equiv b$
0	0	0
0	1	1
1	0	1
1	1	0

Implikation: wenn a, dann b $a \rightarrow b$

a	b	$a \rightarrow b$
0	0	1
0	1	1
1	0	0
1	1	1

NAND-Funktion: a und b beide nicht $a \wedge b$

a	b	$a \wedge b$
0	0	1
0	1	1
1	0	1
1	1	0

NOR-Funktion: weder a noch b $a \vee b$

a	b	$a \vee b$
0	0	1
0	1	0
1	0	0
1	1	0

Durch Ausführung endlich vieler dieser Operationen — man spricht von BOOLE*schen Operationen* — entstehen BOOLEsche Ausdrücke. Die BOOLEsche Algebra zeigt die Möglichkeiten der Umwandlung solcher Ausdrücke, insbesondere auch ihre einfachste Darstellung. Eine Zuordnung zwischen einer abhängigen und unabhängigen BOOLEschen Variablen bezeichnet man als eine BOOLE*sche Funktion.*

Es ist ein wesentliches Ergebnis der BOOLEschen Algebra, daß sich jede BOOLEsche Funktion durch einen BOOLEschen Ausdruck darstellen läßt, wobei z. B. Negation und Konjunktion zur Darstellung genügen — man spricht von einem *vollständigen Operatorensystem* — ebenso Negation und Disjunktion. Eine größere Übersichtlichkeit in der Schreibweise erreicht man allerdings, wenn man neben der Negation sowohl Konjunktion als auch Disjunktion als Verknüpfungsoperationen zuläßt.

Für die Technik hat dieses Ergebnis eine große Bedeutung, da man zur technischen Realisierung mit wenigen Typen von Bauelementen zur Verknüpfung auskommt.

Beispiel: Auf Seite 41 traten im Rahmen der Addition zweier Dualzahlen zwei BOOLEsche Funktionen auf, wobei aus den beiden einlaufenden Ziffern und dem aus dem vorhergehenden Schritt stammenden Übertrag durch die eine Funktion die Summenziffer, durch die andere Funktion der neue Übertrag gebildet werden.

Als unabhängige Variable treten auf

x_1, x_2 die beiden einlaufenden Ziffern
und $\ddot{u}$ der anstehende Übertrag.

Abhängige Variable sind

s die Summenziffer
und $\ddot{u}'$ der neue Übertrag.

Die Zuordnungen sind durch die folgenden Tabellen gegeben:

x_1	x_2	$\ddot{u}$	s
0	0	0	0
0	0	1	1
0	1	0	1
0	1	1	0
1	0	0	1
1	0	1	0
1	1	0	0
1	1	1	1

x_1	x_2	$\ddot{u}$	$\ddot{u}'$
0	0	0	0
0	0	1	0
0	1	0	0
0	1	1	1
1	0	0	0
1	0	1	1
1	1	0	1
1	1	1	1

Mögliche Darstellungen durch BOOLEsche Ausdrücke unter Verwendung von Negation, Konjunktion und Disjunktion sind z. B.

$$s = \bar{x}_1 \cdot \bar{x}_2 \cdot \ddot{u} \vee \bar{x}_1 \cdot x_2 \cdot \bar{\ddot{u}} \vee x_1 \cdot \bar{x}_2 \cdot \bar{\ddot{u}} \vee x_1 \cdot x_2 \cdot \ddot{u}$$

$$\ddot{u}' = x_1 \cdot x_2 \vee x_1 \cdot \ddot{u} \vee x_2 \cdot \ddot{u}$$

Im Rahmen der Modellierung treten nun zwei Problemstellungen auf: Die eine befaßt sich mit dem Übergang von einem Strukturmodell zum Verhaltensmodell, die andere zielt auf die Konstruktion eines Strukturmodells zu einem vorgelegten Verhaltensmodell.

Vorgelegt sei ein binäres Strukturmodell in der oben vereinbarten Form. Dies bedeutet, daß für jedes der darin auftretenden Speicherelemente die Verhaltensweise bekannt ist; da nach den geforderten Eigenschaften der Speicherelemente das Ausgangssignal auf der ausgezeichneten Linie zugleich den Zustand des Elements darstellt, ist jedes Speicherelement ein binärer Automat vom MEDWEDJEW-Typ: Der Nachfolgezustand, der zugleich Ausgangswert ist, wird durch die Überführungsfunktion in Abhängigkeit vom vorhandenen Zustand und von dem evtl. auf mehreren Linien einlaufenden Eingangssignal bestimmt. Die Überführungsfunktion ist für den jeweiligen Elemente-Typ charakteristisch: Man bezeichnet sie daher auch als *charakteristische Gleichung* des betreffenden Speicherelements.

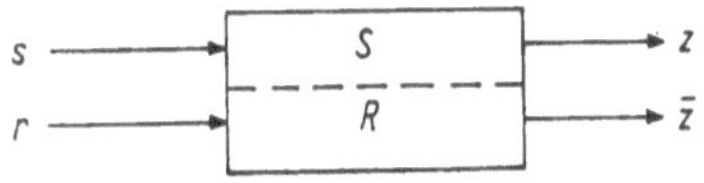

Abb. 6.2. SR-Flipflop
Input $s = 1$ führt zum Zustand S,
Input $r = 1$ zum Zustand R, gleichzeitiger Input $s = 1$ und $r = 1$ führt zu keinem eindeutigen Ergebnis und ist daher zu vermeiden

Beispiel: Ein technisches Speicherelement ist das SR-Flipflop. Es besitzt zwei Eingangslinien. Ein Signal 1 auf der s-Linie setzt (set) das Element in den Zustand 1, ein Signal 1 auf der r-Linie setzt es zurück (reset) in den Zustand 0. Ein gleichzeitiges Auftreten von Signalen 1 auf beiden Linien ist nicht sinnvoll (Abb. 6.2).

Die folgende Tabelle stellt die Überführungsfunktion dar.

z r s	$z' = y$
0 0 0	0
0 0 1	1
0 1 0	0
0 1 1	—
1 0 0	1
1 0 1	1
1 1 0	0
1 1 1	—

Für die Argumententupel (110) und (111) ist die Funktion zunächst nicht bestimmt. Bei der Anwendung des Bauelements ist Sorge zu tragen, daß diese Situationen nicht auftreten. Die Überführungsfunktion kann daher für diese Argumententupel beliebig festgelegt werden.

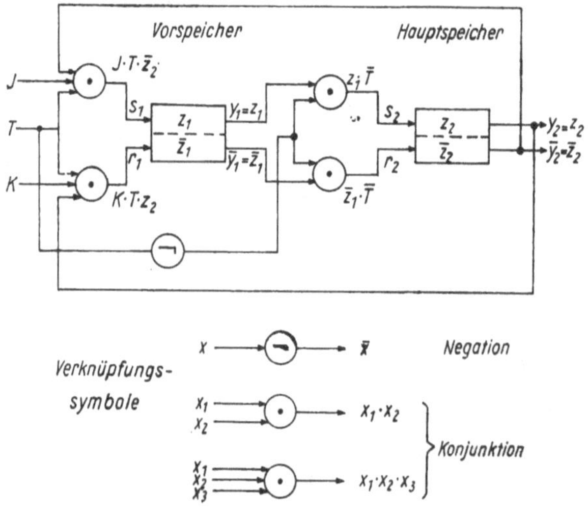

Abb. 6.3. JK-Vorspeicher Flipflop.

Aufgebaut aus zwei SR-Flipflop. Arbeitet über T gesteuert im Zweitaktverfahren und ermöglicht: Zustand setzen, zurücksetzen, umschalten, beibehalten

Läßt man sich dabei von dem Gedanken möglichster Einfachheit in der Darstellung leiten, so ergibt sich als *charakteristische Gleichung des SR-Flipflops*

$$z' = s \cdot \bar{z} \vee \bar{r} \cdot z \quad \text{mit der Nebenbedingung } s \cdot r = 0 .$$

Die vektorielle Ergebnisfunktion ist durch

$$y_1 = z \qquad y_2 = \bar{z}$$

gegeben. Die aus dem Strukturmodell des Gesamtsystems zu entnehmenden Verknüpfungen der Signallinien legen den vektoriellen Eingang jedes Speicherelements als vektorielle Funktion in Abhängigkeit von dem in das Gesamtsystem einlaufenden Eingangssignal und von Ausgangssignalen bestimmter Speicherelemente fest. Da nach den obigen Festlegungen die Ausgangssignale der Speicherelemente zugleich deren Zustände darstellen, treten in diesen vektoriellen Funktionen neben den Eingangssignalen des Gesamtsystems die Zustände der einzelnen Speicherelemente auf. Schließlich ergibt sich der Ausgang des Gesamtsystems als Funktion von dem Eingangssignal in das Gesamtsystem und von Ausgängen, also von Zuständen, bestimmter Speicherelemente. Die Gesamtheit dieser sich aus den Verknüpfungen, der Struktur, ergebenden Funktionen werde als System der *Strukturgleichungen* bezeichnet.

An dem Beispiel des Strukturmodells eines *JK-Vorspeicher-Flipflops* (Abb. 6.3) seien diese Betrachtungen erläutert.

Als Speicherelemente treten zwei SR-Flipflops auf. Für diesen Typ ist die charakteristische Gleichung bekannt:

$$z'_1 = s_1 \cdot \bar{z}_1 \vee \bar{r}_1 \cdot z_1, \qquad z'_2 = s_2 \cdot \bar{z}_2 \vee \bar{r}_2 \cdot z_2$$

mit den Nebenbedingungen $r_1 \cdot s_1 = 0$, $r_2 \cdot s_2 = 0$. Die Verknüpfungen der Signallinien sind in der Abbildung durch Symbole für Negation und Konjunktion dargestellt.

Es ergeben sich die folgenden Strukturgleichungen:

$$s_1 = J \cdot T \cdot \bar{z}_2, \qquad r_1 = K \cdot T \cdot z_2,$$

$$s_2 = \bar{T} \cdot z_1, \qquad r_2 = \bar{T} \cdot \bar{z}_1.$$

Die Eingangssignale s_1, s_2, r_1 und r_2 lassen sich eliminieren, indem man die Strukturgleichungen in die charakteristischen Gleichungen einsetzt. Es ergeben sich

$$z_1' = J \cdot T \cdot \bar{z}_2 \cdot \bar{z}_1 \vee (\bar{K} + \bar{T} + \bar{z}_2) \cdot z_1 ,$$

$$z_2' = \bar{T} \cdot z_1 \cdot \bar{z}_2 \vee (z_1 + T) \cdot z_2 .$$

Diese Gleichungen liefern aus dem Inputvektor (J, K, T) und dem Systemzustandsvektor (z_1, z_2) den Nachfolgezustandsvektor (z_1', z_2'); diese Gleichungen stellen die vektorielle Überführungsfunktion des Gesamtsystems, des JK-Vorspeicherflipflops, dar.

Die vektorielle Ergebnisfunktion ist durch

$$y_1 = z_2 \qquad y_2 = \bar{z}_2$$

gegeben. Setzt man die Strukturgleichungen in die Nebenbedingungen ein, so zeigt sich, daß diese erfüllt sind.

Für den interessierten Leser sei hier noch das Verhalten des Systems diskutiert.

Für $T = 0$ ist $z_1' = z_1$, für $T = 1$ ist $z_2' = z_2 : T = 0$ blockiert den Vorspeicher, $T = 1$ den Hauptspeicher.

Bei $T = 0$ übernimmt der Hauptspeicher den Zustand des Vorspeichers.

$$z_2' = z_1 \cdot \bar{z}_2 \vee z_1 \cdot z_2 = z_1 .$$

Bei $T = 1$ gilt

$$z_1' = J \cdot \bar{z}_2 \cdot \bar{z}_1 \vee (\bar{K} \vee \bar{z}_2) \cdot z_1 .$$

Ist $z_2 = 0$, so dominiert J: $z_1' = J \cdot \bar{z}_1 \vee z_1 = J \vee z_1$; $J = 1$ erzeugt dann $z_1' = 1$.

Ist dagegen $z_2 = 1$, so dominiert $K : z_1' = \bar{K} \cdot z_1 ; K = 1$ erzeugt dann $z_1' = 0$.

Bei $T = 1$, $J = 1$ und $K = 1$ wird

$$z_1' = \bar{z}_2 \cdot \bar{z}_1 + \bar{z}_2 \cdot z_1 = \bar{z}_2 .$$

In der folgenden Phase $T = 0$ wird

$$z''_2 = z_1' = \bar{z}_2 .$$

Durch $T = 1$ mit $J = 1$ und $K = 1$ wird in der nachfolgenden Phase das JK-Vorspeicherflipflop umgeschaltet.

Zusammengefaßt: Bei $T = 1$ erzeugen

$J = 1$ $K = 0$
in der nächsten Phase $T = 0$ $z''_2 = 1$ „Setzen“,

$J = 0$ $K = 1$
in der nächsten Phase $z''_2 = 0$ „Zurücksetzen“,

$J = 1$ $K = 1$
in der nächsten Phase $z''_2 = z_2$ „Umschalten“.

Während das Analyseproblem eine eindeutige Lösung besitzt, gilt dies für den umgekehrten Übergang vom Verhaltensmodell zu einem Strukturmodell nicht. Freiheiten liegen beim Syntheseproblem zunächst in der binären Kodierung der Zustände des Gesamtsystems. Jedem Zustand des Gesamtsystems entspricht damit ein Zustandsvektor mit binären Komponenten. Jeder Komponente ist nun ein Speicherelement zuzuordnen. Dabei steht die Wahl der Speichertypen für die einzelnen Speicherelemente frei.

Nach diesen Festlegungen liegen die vektorielle Überführungsfunktion des Gesamtsystems und die charakteristischen Gleichungen für die Speicherelemente vor. Als Variable treten in diesem Gleichungssystem die Eingangs- und die Ausgangsvariablen des Gesamtsystems, die Eingangsvariablen, sowie die derzeitigen und nachfolgenden Zustände der Speicherelemente auf.

Um die gewünschte vektorielle Strukturgleichung zu erhalten, müssen die Folgezustände eliminiert und die Gleichungen nach den Eingangsvariablen der Speicherelemente aufgelöst werden. Die im allgemeinen unbequeme Auflösung des Gesamtgleichungssystems läßt sich vermeiden, indem man die charakteristischen Gleichungen der verschiedenen Speichertypen nach den Eingangsvariablen auflöst. Nach der oben an die Speicherelemente gestellten dritten Forderung, der Forderung nach Steuerbarkeit, ist dies stets möglich, u. U. ergeben

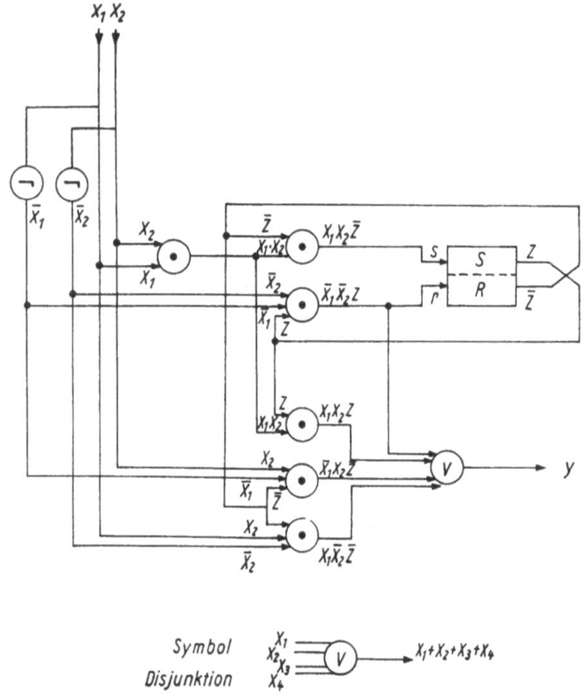

Abb. 6.4. Schaltschema zur sequentiellen Addition zweier Dualzahlen

sich dabei aber mehrere Lösungen. Hier liegt ein weiterer Grund für die Mehrdeutigkeit bei der Lösung des Syntheseproblems. Die so aus den charakteristischen Gleichungen gewonnenen „Steuergleichungen“ ermöglichen auch für das Syntheseproblem eine Gerade-aus-Lösung. Man setzt die jeweiligen Komponenten der vektoriellen Überführungsfunktion in die Steuergleichungen ein, eliminiert dadurch die Folgezustände und erhält die Eingangsvariablen der Speicherelemente in Abhängigkeit von den Eingangsvariablen des Gesamtsystems und den derzeitigen Zuständen der Speicherelemente, die ja zugleich deren Ausgangsvariablen darstellen.

An dem folgenden Beispiel werde dieses zu den Strukturgleichungen führende Verfahren erläutert.

Beispiel: Sequentielle Addition zweier Dualzahlen. Auf Seite 64 wurde zu dem diese Aufgabe durchführenden System als Beschreibung des Verhaltens die Überführungs- und Ergebnisfunktion angegeben.

Wenn man den Übertrag mit z bezeichnet und die Summenziffer mit y, lauten diese Funktionen

$$z' = x_1 \cdot x_2 \vee x_1 \cdot z \vee x_2 \cdot z,$$

$$y = \bar{x}_1 \cdot \bar{x}_2 \cdot z \vee \bar{x}_1 \cdot x_2 \cdot \bar{z} \vee x_1 \cdot \bar{x}_2 \cdot \bar{z} \vee x_1 \cdot x_2 \cdot z.$$

Als Speicherelement werde ein SR-Flipflop gewählt.

Die charakteristische Gleichung ist auf Seite 65 in Tabellenform gegeben. Als Auflösungen nach s und r ergeben sich die Tabellen

z	z'	r
0	0	0 (oder 1)
0	1	0
1	0	1
1	1	0

z	z'	s
0	0	0
0	1	1
1	0	0
1	1	0 (oder 1)

Als Steuergleichung kann z. B.

$$r = z \cdot \bar{z}', \qquad s = \bar{z} \cdot z'$$

gewählt werden. Setzt man in die Steuergleichungen die Überführungsfunktion ein, so erhält man

$$s = z \cdot (\bar{x}_1 \vee \bar{x}_2) \cdot (\bar{x}_1 \vee \bar{z}) \cdot (\bar{x}_2 \vee \bar{z}),$$

$$r = \bar{z} \cdot (x_1 \cdot x_2 \vee x_1 \cdot z \vee x_2 \cdot z)$$

und nach leichter Umformung

$$s = \bar{z} \cdot x_1 \cdot x_2, \qquad r = z \cdot \bar{x}_1 \cdot \bar{x}_2.$$

Zusammen mit der Ergebnisfunktion bilden diese die *Strukturgleichungen.*

7. Auslösen, Steuern, Regeln, Anpassen

Im weiteren sollen einige spezielle Klassen von Systemen betrachtet werden, die durch ihr Verhalten und die damit verbundenen Möglichkeiten zur simulierenden Verwendung Interesse beanspruchen.

Es liege ein System mit binärem Inputalphabet vor, wobei das Symbol 1 dem Auftreten eines bestimmten realen Signals entspreche, bei biologischen Systemen etwa einem Reiz, und das Symbol 0 das Fehlen eines solchen Signals kennzeichne. Die Überführungsfunktion genüge den folgenden Forderungen:

$$\begin{aligned} f(z_0, 0) &= z_0, \\ f(z_0, 1) &= z_1, \\ f(z, 0) &= f(z, 1) \neq z_0 \text{ für alle } z \neq z_0. \end{aligned}$$

Ein solches System verharrt im initialen Zustand z_0 solange, bis zum ersten Mal das Signal 1 auftritt und es aus dem initialen Zustand herausführt. Von da an haben beide Inputwerte keine unterschiedliche Wirkung mehr: Das System läuft, durch das erste Auftreten des realen Signals *ausgelöst,* eigengesetzlich in einer ihm eigenen Zeitfolge ab; man spricht von einem *autonomen* System. Während dieses Ablaufs kann das System durch Outputfolgen auf seine Umgebung einwirken, beispielsweise wieder auf ein ähnliches System; gegebenenfalls kehrt es nach einer bestimmten Zustandsfolge wieder in den initialen Zustand zurück. Eines solchen Modells kann man sich z. B. bedienen, um die Erregung einer Nervenzelle durch einen äußeren Reiz und die Weiterleitung der Erregung zu simulieren. Nach Einlauf des auslösenden Reizes ist das System für eine gewisse Zeit – der Refraktärzeit – unempfindlich für weitere Reize.

In ähnlicher Weise läßt sich auch der Ablauf einer Epidemie in einer Population simulieren, wobei u. a. Inkubationszeit und Dauer erworbener Immunität zusammen mit der Kontakthäufigkeit wesentliche Parameter sind.

Betrachtet werde nun eine Klasse formaler Systeme, die die Möglichkeit bieten, *Steuerungsprozesse* zu simulieren. Dem System werde ein zweigeteilter Input zugeordnet. Der eine Input habe die Bedeutung einer aus der Umgebung in das System einlaufenden Störung, der andere Input verkörpere die Steuerung durch eine außerhalb stehende Person, den Steuermann. Es sei C die Menge der möglichen Steuerungseinstellungen (control) und D die Menge der möglicherweise auftretenden Störungen (disturbance), die ebenfalls im Sinn von „Einstellungen", verursacht durch die Umgebung, aufgefaßt werden.

Dabei werden der Einfachheit halber nur Systeme betrachtet, deren Output mit dem Zustand identisch ist.

Jeder Zustand $z \in Z$ des Systems erlaubt gewisse Mengen von Steuerungseinstellungen C_z und bei diesem Zustand wirksame Störungen D_z, wobei eine bestimmte Störung gegebenenfalls nicht jede Steuerung $c \in C_z$ zuläßt. Behandelt werde hier nur der Fall, daß die Steuerung unabhängig von der Störung gewählt werden kann.

Geht man von der Beschreibung eines Systems durch eine die Überführungsfunktion charakterisierende Relation aus,

$$S \subset X \times Z \times Z,$$

so tritt hier als Inputmenge die Menge aller Paare aus einer Störungs- und einer Steuerungseinstellung auf,

d. h. die Produktmenge aus der Menge der Störungs- und der Menge der Steuerungseinstellungen:

$$X = D \times C.$$

Damit wird das System durch die Relation

$$S \subset D \times C \times Z \times Z$$

beschrieben. Um zu einer konstruktiven Beschreibung zu gelangen, kann man jedem Element aus $D \times C$, d. h. jedem Paar aus einer auftretenden Störungseinstellung und einer gewählten Steuerungseinstellung (c, d), einen Operator zuordnen, der zu jedem bestehenden Zustand eindeutig den Zustand liefert, der bei eingestellter Steuerung c unter dem Einfluß der Störung d als Nachfolgezustand auftritt: $\mathrm{op}_{c,d}(z) = z'$.

Im Rahmen einer Steuerung wird von außen her in den Ablauf eine Zielsetzung getragen: Die Menge der Zustände des Systems werde als mögliche Folgezustände einer Klassifizierung unterworfen; gewisse Zustände werden als erwünschte Folgezustände angesehen, man spricht von Ziel-(Gewinn-)zuständen, andere als unerwünschte, u. U. sogar bedrohliche; sie bilden die Fehl-(Verlust-)zustände. Es seien Z_G und Z_V diese Teilmengen, von denen anzunehmen ist, daß sie sich gegenseitig ausschließen.

Das Steuerungsproblem besteht nun darin, bei einem vorliegenden Zustand des Systems zu einer einlaufenden Störung bzw. Störungsfolge eine geeignete Steuerung bzw. Steuerungsfolge zu wählen, die das System zumindest nicht in einen Verlustzustand, möglichst in einen Gewinnzustand überführt.

Eine Steuerungsstrategie ist eine Vorschrift, die einem Zustand (evtl. in Abhängigkeit von der anliegenden Störung) eine bestimmte Steuerungseinstellung als zu ergreifende Maßnahme zuordnet und die für alle Zustände definiert ist.

Dabei werden der Einfachheit halber nur Systeme betrachtet, deren Output mit dem Zustand identisch ist. Von den verschiedenen Problemstellungen, die hier auftreten können, seien folgende angeführt:

1. Für jede Störungsfolge gibt es eine Steuerungsfolge, so daß das System in Gewinnzuständen bzw. in Nichtverlustzuständen bleibt.
2. Es gibt eine Steuerungsfolge, die unabhängig von der Störungsfolge das System in einen Gewinn- bzw. Nichtverlustzustand führt.
3. Bei stochastischer Störung gibt es eine Steuerungsfolge, so daß das System mit maximaler Wahrscheinlichkeit einen Gewinn- bzw. Nichtverlustzustand annimmt.

Eine Steuerungsstrategie, die in sequentieller Anwendung bei jeder Störungsstrategie zu einem Gewinnzustand führt, bezeichnet man als eine *Gewinnstrategie.*

Eine schwächere Forderung stellt man an eine Nichtverluststrategie; hier muß lediglich gesichert sein, daß keine Störungsstrategie existiert, die bei Anwendung der betreffenden Steuerungsstrategie einen Verlust herbeiführt. Eine anschauliche Darstellung läßt sich an einem Zustandsgraphen gewinnen. Jedem Zustand wird ein Knoten zugeordnet, die Gewinn- und Verlustzustände werden als solche durch Markierungen gekennzeichnet. Zwei Knoten, deren Zustände der System-Relation genügen, werden durch eine gerichtete Kante so verbunden, daß der Pfeil dem Ablauf Zustand-Folgezustand entspricht. Die betreffende Kante wird mit dem Input (c, d) markiert, der zusammen mit den beiden Zuständen der Relation genügt.

Zur Lösung des anstehenden Steuerungsproblems ist eine Kantenfolge zu suchen, die in dem initialen Knoten beginnt und in einem Gewinnknoten endet. Als Verfahren bietet sich, wenn keine weiteren Informationen zur Verfügung stehen, nur ein heuristischer Suchprozeß im Labyrinth an.

Abb. 7.1 zeigt den Zustandsgraphen für ein System, das bei zwei möglichen Störungen über zwei Steuerungseinstellungen verfügt. Die Steuerungsstrategie 10 ist eine Gewinnstrategie, die Strategie „ab dritter Steuereinstellung stets 1“ vermeidet in jedem Fall den Verlust, ist also eine Nichtverluststrategie.

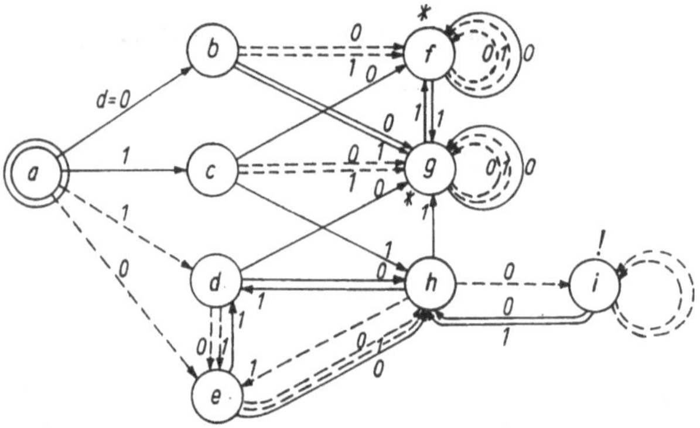

Abb. 7.1. Beispiel für ein Steuerungssystem, das auf zwei Störungen $d \in \{0, 1\}$ mit zwei Steuerungen $c \in \{0, 1\}$ reagieren kann.
Gewinnzustände $Z_G = \{f, g\}$
Verlustzustände $Z_V = \{i\}$.
Steuerung $c = 0$ ————
$c = 1$ — — — —

Interessanter ist der Fall, bei dem sich das Steuerungsproblem als Entscheidungsproblem stellt. An die Stelle einer Festlegung zweier Teilmengen als Gewinn- und als Verlustzustände werde eine Bewertung der Zustände gesetzt. Neben die das System beschreibende Relation

$$S \subset C \times D \times Z \times Z$$

bzw. der konstruktiven Fassung

$$z = S(c, d, z)$$

treten weitere der Bewertung dienende Relationen. So wird man jeden möglichen Übergang von einem Zustand zu einem anderen Zustand einer Bewertung unterwerfen, bei der auch die verschiedenen je nach anfallender Störung erforderlichen Steuerungseinstellungen mit ihrem dabei entstehenden Aufwand berücksichtigt werden müssen; die Störungen interessieren dabei zunächst nicht.

Mit $w = G(c, z, z')$ wird eine kostenmäßige Bewertung aller möglichen Schritte durchgeführt, die den Zustand z in den Zustand z' überführen, wobei diese Kosten relativ zu dem erreichten Erfolg erfaßt werden.

Die mögliche aus der Umwelt kommende Störung wird nun dadurch berücksichtigt, daß man für jeden Zustand und jeder dabei möglichen Störung eine Toleranzgröße bildet.

$$w^* = T(d, z).$$

Schließlich wird eine weitere Relation die Möglichkeit bieten, zu entscheiden, ob bei dem anstehenden Zustand eine in Aussicht genommene Steuerungseinstellung bei jeder möglichen Störung zu relativen Kosten führt, die in Hinblick auf die der Störung entsprechenden Toleranz zulässig sind.

Es sei $R \subset W \times W^*$ diese Zulässigkeitsrelation. Das Steuerungsproblem läßt sich jetzt als ein Entscheidungsproblem formulieren:

Bestimme eine Steuerungseinstellung so, daß sich für jede Störung, die bei dem anstehenden Zustand eintreten kann, die Schrittbewertung als zulässig hinsichtlich der dem Zustand und der Störung entsprechenden Toleranz erweist.

Angenommen, eine mit der Steuerung eines Systems beauftragte Person, der Steuermann, sei mit dem Verhalten des Systems soweit vertraut, daß er für jede in Frage kommende Wahl eines Zustands als Zielzustand über eine entsprechende Strategie verfügt. Dann kann er, wenn er sich für einen bestimmten Zielzustand entschieden hat, der zugehörigen Strategie entsprechend in Abhängigkeit von dem jeweiligen Systemzustand, den er durch Beobachtung festzustellen hat, die Steuerung einstellen. Der Steuermann fungiert selbst als ein reales steuerndes und einstellendes System. Dieses empfängt aus dem zu steuernden System Information und greift mit Signalen in diese ein (Abb. 7.2). Ein solches Geschehen läßt sich aber von der Person lösen und einem formalen System

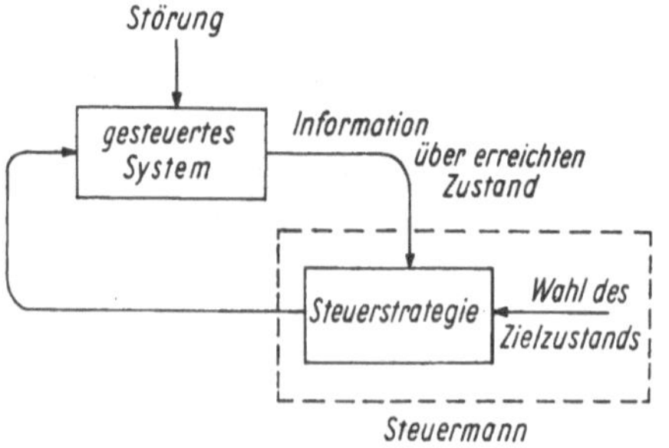

Abb. 7.2. Steuerungssystem

übertragen. Allerdings hängt das Verhalten dieses formalen Systems dann noch von der Wahl des Zielzustandes ab. Diese Wahl möge zunächst noch der bedienenden Person vorbehalten bleiben, die dementsprechend in das formale System eingreifen kann. Damit ergibt sich ein aus drei Teilen bestehender Systemkomplex.

Das zu steuernde System läßt sich aber zusammen mit dem steuernden System als ein einziges System, als ein Regelungssystem auffassen, das sich auf Grund der von der bedienenden Person eingestellten Zielsetzung selbst steuert (Abb. 7.3).

Ein Regelungssystem ist also ein spezielles Steuerungssystem, das von außen her die Zielsetzung erhält — man spricht von der Führungsgröße und den dabei eingestellten Sollwert — und unter Selbstbeobachtung des bis dahin erreichten Zustands, des Istwerts, den weiteren Ablauf zielstrebig vornimmt.

Für die weiteren Betrachtungen ist es zweckmäßig, zur Vorstellung eines kontinuierlichen Systems überzugehen. Der Systemzustand wird durch den jeweiligen Wert repräsentiert, den eine im Ablauf sich kontinuierlich ändernde Größe annimmt.

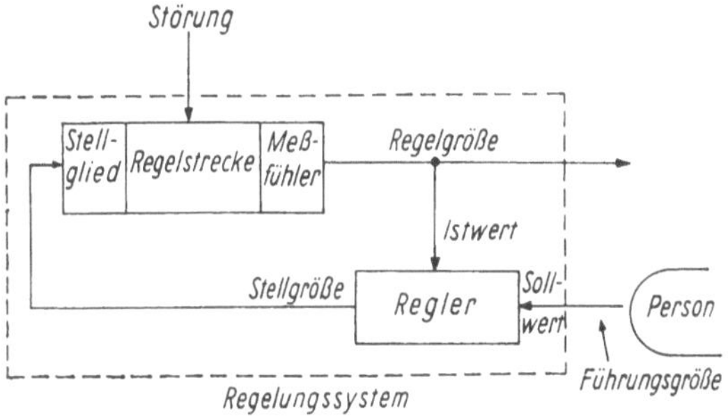

Abb. 7.3. Regelungssystem

In einem Regelungssystem findet ein informationverarbeitender Prozeß statt. Der Systemteil, der diese Verarbeitung durchführt, wird als *Regler* bezeichnet. Die Information über den jeweiligen Istwert empfängt der Regler als einen Inputwert durch einen Meßfühler, die Information über den Sollwert als zweiter Input durch die von außen erfolgende Einstellung. Das im Regler gewonnene Ergebnis greift als Steuerbefehl (*Stellgröße*) in den Systemablauf ein. Der Systemteil, der die entsprechende Umsteuerung des Systems realisiert, wird als *Stellglied* bezeichnet; dieses greift auf die *Regelstrecke* ein, die als Output die zu regelnde Größe, die *Regelgröße* liefert.

Die auf die Regelstrecke einwirkende Störung wird das System aus dem Sollwert heraustreiben bzw. die Erreichung des Sollwerts behindern. Der Meßfühler stellt den jeweiligen Istwert fest und meldet dies zurück an den Regler. So ist das System von seinem Ausgang auf den Eingang zurückgekoppelt: Man spricht von einem *Regel-*

kreis. Man beachte, daß in einem Regelkreis eine negative Rückkopplung vorliegt. Die durch die Störung verursachte Verstellung wird durch eine ihr entgegenwirkende Eingangsgröße rückgängig gemacht. Infolge der Zeitverzögerungen, die in dem Information übertragenden und verarbeitenden Prozeß liegen, wird der Regelbefehl stets etwas hinter dem Sollwertbefehl herhinken. Bei periodisch wechselnden Störungen kann eine solche „Phasenverschiebung" dazu führen, daß die Rückkopplung die durch die Störung erzeugte Verstellung noch verstärkt, daß das System instabil wird und in sich aufschaukelnde Schwingungen gerät.

Es ist bezeichnend, daß ROBERT WIENER durch derartige in der Technik bekannte Erscheinungen angeregt zu der Überlegung kam, daß ein solches Geschehen wohl auch bei organischen Systemen auftreten könne. Auf seine an medizinische Seite gestellte entsprechende Frage erhielt er die bejahende Antwort: Es gibt eine als Intentions-Trema bekannte pathologische Situation, bei der der Patient beim Versuch, die Bewegung seiner Hand zielstrebig zu steuern, zu unkontrollierbarem Zittern gelangt.

Bekanntes Beispiel eines ersten technischen Regelungssystems ist der von JAMES WATT (1788) erfundene Fliehkraftregler. Füllhöhenregler beim Spülkasten und Thermostaten sind weitere technische Beispiele aus unserem täglichen Leben. Ein instruktives Beispiel bietet der Versuch, den Schwerpunkt eines über je einen Finger beider Hände gelegten gleichmäßig glatten Stabes durch Zusammenschieben beider Finger zu bestimmen; ein einseitig angehängtes Gewicht bietet die Möglichkeit, einen anderen Sollwert einzustellen. Das bekannteste Beispiel eines organischen Regelungssystems ist die Temperaturregelung des menschlichen Körpers. Ein anderes Beispiel bietet der Regelungsprozeß, der sich in einer Hormone produzierenden innersekretorischen Drüse abspielt. Hier werden Wirkstoffe, Hormone, an das Blut abgegeben, um diese bestimmten Geweben des

Körpers zur Verfügung zu stellen. Die Gewebe nehmen diese Hormone aus dem Blut auf, solange sie noch nicht gesättigt sind. Nach ihrer Sättigung steigt die Konzentration dieser Hormone im Blut an. Damit erhält die erzeugende Drüse eine Rückinformation, die sie zur dementsprechenden Reduktion der Produktion veranlaßt.

Ein ähnlicher Regelungsprozeß läßt sich auch im Bereich organisierter Systeme beobachten. Ein von einem Produzenten auf den Markt gebrachtes Produkt wird von den Verbrauchern aufgenommen, bis sich eine Sättigung des Marktes einstellt. Der damit verbundene Lagerstau veranlaßt den Hersteller, die Produktion zu reduzieren evtl. auch ganz zu stoppen. Möglicherweise wird er auch versuchen, den „Sollwert", d. i. die Aufnahmefähigkeit des Marktes durch Werbemaßnahmen, die Bedürfnisse erzeugen bzw. vorhandene steigern, zu erhöhen.

Einige der angeführten Beispiele greifen schon über den für Regelungssysteme gesetzten Rahmen insofern hinaus, als die Einstellung des Sollwerts nicht mehr von außen erfolgt, vielmehr innerhalb des Systems selbst entsteht, wenn sich zwischen dem System und seiner Umwelt ein Gleichgewichtszustand einstellt. In vielen Fällen wir die einem System eigene Regelungsfähigkeit nur bei hinreichend kleinen Umweltstörungen sichern können. Bei stärkeren, evtl. bleibenden Veränderungen der Umwelt wird das System zunächst überfordert. Dasselbe zeigt sich auch bei inneren durch Krankheit oder Unfall verursachten Veränderungen. Vielfach besitzen organische und auch organisierte Systeme die Fähigkeit, etwa die Sollwerte ihrer Regelung den neuen Verhältnissen anzupassen oder gar zu anderen Verhaltensweisen mit der Zielsetzung überzugehen, wieder einen Gleichgewichtszustand zu erreichen. In diesen Fällen, bei denen der Sollwert aus dem System selbst heraus eingestellt und der weiteren Regelung zugrunde gelegt wird, spricht man von *Anpassung*.

Einen Versuch, die zu einem solchen Verhalten führen-

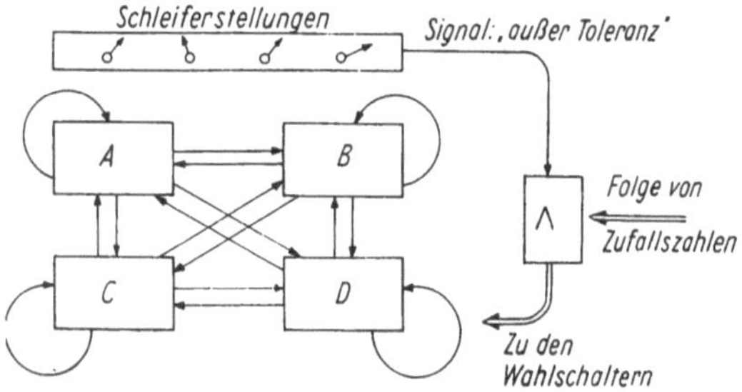

Abb. 7.4. Prinzip des Homöostaten

a) Die in dem aus vier gleichartigen Einheiten A, B, C, D bestehenden System vorhandenen Wahlschalter werden stochastisch umgesteuert, wenn einer der Schleifer außer Toleranz steht.

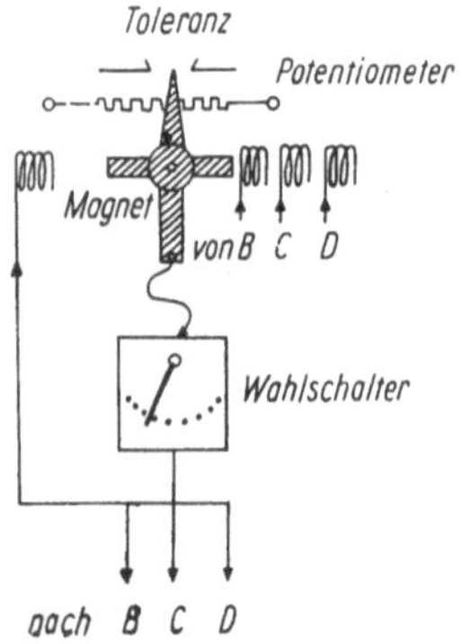

b) Schema einer der vier Einheiten mit Potentiometer, Schleifer, Wahlschalter und den vier Verkopplungsspulen

den Vorgänge „verstehen" zu können, hat der Neurologe W. Ross Ashby mit der Konstruktion eines technischen ultrastabilen Modells, des Homöostaten, unternommen [6]. Vier gleichartige Einheiten bilden zusammen mit den zwischen ihnen vorhandenen Verbindungen ein äußerst komplexes System (Abb. 7.4). Jede dieser Einheiten enthält ein Potentiometer und gibt ein von der jeweiligen Schleiferstellung abhängiges Ausgangssignal. Dieses Signal läuft über einen Wahlschalter, der mit 25 verschiedenen Stellungen Polung und Stärke des Signals zu ändern ermöglicht, zu vier Spulen. Dabei wirkt die eine Spule mit ihrem Magnetfeld auf den starr mit dem Schleifer verbundenen Magneten der eigenen Einheit, jeweils eine der drei anderen Spulen in entsprechender Weise auf den Schleifer einer anderen Einheit. So wird in jeder Einheit der Schleifer in seiner Stellung von seiner eigenen Stellung und von den Stellungen der Schleifer der anderen Einheiten beeinflußt. Dieses stark vermaschte System wird in seiner Komplexität noch durch die von einlaufenden Zufallszahlen gesteuerten vier Wahlschalter, die $25^4 = 390625$ Kombinationen ermöglichen, erhöht. Das System besitzt zahlreiche Gleichgewichtslagen; eine davon ist ausgezeichnet: sie ist durch die Mittellage der vier Potentiometer charakterisiert. Eine an jedem Potentiometer einstellbare Toleranzgrenze zieht nach sich, daß die Wahlschalter stochastisch geändert werden, wenn einer der Schleifen außerhalb der Toleranz zu stehen kommt. Befindet sich das System zunächst in der ausgezeichneten Gleichgewichtslage, so werden kleinere Störungen, die die Schleifer nicht über die Toleranzgrenze verschieben, zu einer Gleichgewichtslage ausgeregelt. Bei stärkeren Störungen dagegen wird ein Suchprozeß einsetzen. Die nacheinander einlaufenden Zufallszahlen werden in stochastischer Weise die Wahlschalter umschalten und so immer wieder das System zu Regelungsvorgängen zwingen, bis eine solche Kombination der Wahlschalter auftritt, bei der die vorhandene Störung zusammen mit den Schalterstellungen die Schleifer innerhalb der Toleranzgrenzen hält. Der im System ablaufende Suchprozeß auf der Basis von Versuch und Irrtum (trial and error) bietet die Möglichkeit, bei Überschreitung der Stabilitätsgrenze das Programm zu ändern, und sichert auf diese Weise eine Ultrastabilität.

8. Entropie und Kanal

Der Empfänger einer Nachricht wird diese im allgemeinen einer Bewertung unterwerfen, wobei ihn unterschiedliche Gesichtspunkte leiten können: Möglicherweise richtet er seine Aufmerksamkeit zunächst auf formale Richtigkeit der empfangenen Nachricht; er wird sowohl die Informationsquelle als auch den Übertragungskanal in seine Betrachtungen einbeziehen. Andererseits kann es der Grad seines persönlichen Interesses an der Bedeutung der Nachricht sein, der ihn zu einer Bewertung kommen läßt. Schließlich kann ihn aber auch die Frage bewegen, welche Absicht der Absender der Nachricht damit hinsichtlich seines, des Empfängers, Verhaltens verbunden haben möge.

So kann sich eine Information in drei Komponenten darbieten, einer syntaktischen, einer semantischen und einer pragmatischen. Für einen Naturwissenschaftler, der mit dem Begriff Information konfrontiert wird, liegt die Frage nahe, ob, gegebenenfalls wie und in welchem Maß Information gemessen werden könne. Eine zufriedenstellende Antwort ist bis dahin nur für die syntaktische Komponente gefunden worden. Begründet wurde die syntaktische Informationstheorie 1948 von C. E. Shannon mit seiner Veröffentlichung „A mathematical theory of communication“ [7]. Shannon betrachtet eine Information lediglich als ein Mittel, die in der Beurteilung einer Situation liegende Unsicherheit durch den Empfang einer Information einzuschränken, evtl. auch ganz zu beseitigen. Das persönliche Interesse des Empfängers ist dabei ausgeschaltet. Der Grundgedanke seiner Informationstheorie liegt darin, die Erzeugung von Informationen in einer Nachrichtenquelle als einen Zufallsprozeß aufzufassen. Dementsprechend wählt er als Modell einer Nachrichtenquelle ein aus dem Blickpunkt eines Außenstehenden auf der Basis zufälliger Entscheidungen arbeitendes System, das auf ein bestimmtes Inputereignis A mit einem Ereignis B_i aus der Menge B von möglichen Outputereignissen antwortet. Bevor die jeweilige Zufallsentscheidung im System realisiert und nach außen bekannt wird, besteht für einen außenstehenden Beobachter eine gewisse Unsicherheit hinsichtlich des zu erwartenden Outputs. Erst wenn nach Realisierung der Entscheidung dem Beobachter Information über das eingetretene Ereignis zugeführt wird, wird diese Unsicherheit beseitigt. Es liegt nahe, der so entstandenen Information als Größe ein Maß beizulegen, das der beseitigten Ungewißheit entspricht. Insofern läßt sich Information als beseitigte Ungewißheit auffassen. Die Größe einer Information wird als Funktion allein der Wahrscheinlichkeit für das Auftreten des betreffenden Ereignisses eingeführt.

Nun wird man eine Information um so höher einschätzen, je seltener das Ereignis ist, dessen Auftreten sie anzeigt. Eine einfache Funktion, die diese Eigenschaft besitzt, ist der reziproke Wert der Wahrscheinlichkeit. Aber auch jede andere Funktion, die mit wachsendem reziproken Wert der Wahrscheinlichkeit wächst, würde dieser Forderung entsprechen.

Nun kann ein Ereignis darin bestehen, daß mehrere voneinander unabhängige Teilereignisse auftreten. Man denke etwa an ein Spiel, bei dem gleichzeitig ein Würfel und eine Münze geworfen werden und der weitere Spielverlauf davon abhängt, welche Augenzahl und welche Seite der Münze gefallen sind. Dabei wäre es wünschenswert, wenn sich die Teilinformationen in ihren Größen additiv zur Größe der Verbundinformation zusammenfügten. In einfachster Weise läßt sich dies erreichen, wenn als Informationsgröße der Logarithmus der reziproken Wahrscheinlichkeit gewählt wird:

$$I(B_i) = \log \frac{1}{p_i} = -\log p_i ,$$

wobei p_i $(i = 1, 2, \ldots, n)$ das Wahrscheinlichkeitsfeld für das Auftreten der Ereignisse aus der Menge $B = \{B_i\}$ $(i = 1, 2, \ldots, n)$ ist.

Der Informationsgehalt einer Nachricht ist wie diese eine stochastische Größe. Um zu einer für die betreffende Nachrichtenquelle charakteristischen Größe, der Entropie, zu gelangen, kann man die mathematische Erwartung über den Informationsgehalt der einzelnen möglichen Nachrichten bilden, die die Quelle auszusenden vermag. SHANNON schlug daher als Entropie der Quelle

$$H(B) = \sum_{i=1}^{n} p_i \cdot I(B_i) = -\sum_{i=1}^{n} p_i \log p_i$$

vor. Offen ist dabei noch die Wahl der Logarithmenbasis. Ihre Festlegung bestimmt die Maßeinheit. Der einfachsten Entscheidungsform zwischen zwei gleichwertigen Möglichkeiten entsprechend wählt man in der Informationstheorie meist 2 als Basis. Die dabei resultierende Einheit wird als bit (binary digit) bezeichnet. (Bei mathematischen Ableitungen ist es oft bequemer, den natürlichen Logarithmus zu wählen.)

Ein Ereignis, das mit Wahrscheinlichkeit 1 auftritt, liefert keinen Beitrag zur Entropie; bei $p = 1$ ist $\log p = 0$.

Auch ein Ereignis, dessen Wahrscheinlichkeit 0 ist, liefert keinen Beitrag, denn $p \cdot \log p$ besitzt für gegen 0 laufendes p den Grenzwert 0. In beiden Fällen steht somit der gewählte Informationsbegriff in Übereinstimmung mit den Vorstellungen, die sich mit dem in der Umgangssprache verwendeten Wort Information verbinden. Von Interesse ist, für welche Wahrscheinlichkeitsfelder die Entropie einer Quelle maximalen Wert annimmt.

Man hat dazu den Ausdruck $H(B) = -\sum_{i=1}^{n} p_i \ln p_i$ auf Extremwerte zu untersuchen. Aus der Nebenbedingung $\sum_{i=1}^{n} p_i = 1$ ergibt sich $p_n = 1 - \sum_{i=1}^{n-1} p_i$ und damit

$$H(B) = -\sum_{i=1}^{n-1} p_i \ln p_i - (1 - \sum_{i=1}^{n-1} p_i) \ln (1 - \sum_{i=1}^{n-1} p_i).$$

Die partiellen Ableitungen nach p_i $(i = 1, 2, \ldots, n-1)$ liefern

$$-\ln p_i - 1 + \ln (1 - \sum_{i=1}^{n-1} p_i) + 1 = -\ln \frac{p_i}{p_n}.$$

Setzt man diese Ableitungen gleich 0, so erhält man

$$p_i = p_n \quad \bigl(i = 1, 2, \ldots, (n-1)\bigr),$$

d. h., alle p_k $(k = 1, 2, \ldots, n)$ sind gleich:

$$p_k = \frac{1}{n}.$$

Die Entropie einer Quelle ist maximal, wenn sie die einzelnen Nachrichten B_i mit gleicher Wahrscheinlichkeit aussendet:

$$H(B)_{\max} = -\sum_{i=1}^{n} \frac{1}{n} \log \frac{1}{n} = \log n.$$

Bei einer Binärquelle mit zwei gleichwahrscheinlichen Nachrichten $(n = 2)$, ergibt sich aus $\log_2 2 = 1$ die Entropie 1 bit.

Abb. 8.1 zeigt den Verlauf der Entropie für eine Binärquelle in Abhängigkeit von den Wahrscheinlichkeiten p und $q = p - 1$.

In Analogie zur Bezeichnung Nachrichtenquelle für die Stelle, an der Nachrichten erzeugt werden, verwendet man den Ausdruck Nachrichtensenke für die Empfangsstelle. In konsequenter Fortsetzung dieser bildhaften Vorstellung einer fließenden Nachricht faßt man die natürlichen Gegebenheiten bzw. die künstlichen Einrichtungen, die den Nachrichtenfluß zwischen Quelle und Senke zustande kommen lassen, als Nachrichtenkanal auf.

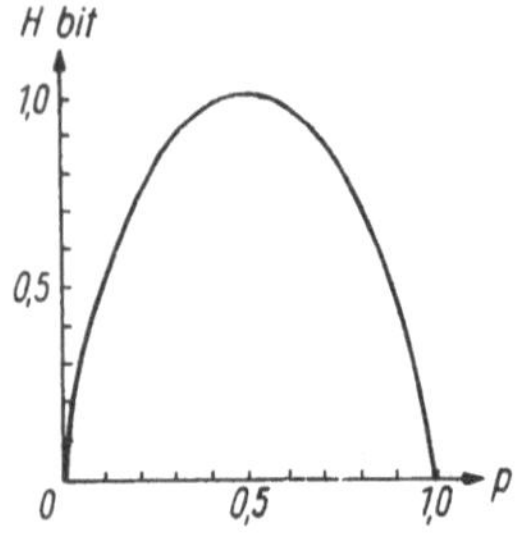

Abb. 8.1. Entropie einer Binärquelle.
Die beiden Signale treten mit den Wahrscheinlichkeiten p und $1\text{-}p$ auf

Das mathematische Modell eines Nachrichtenkanals ohne Gedächtnis wird dabei durch einen abstrakten kombinatorischen Automaten mit *einem* Zustand gegeben. Im Fall eines determinierten Kanals ist jedem Inputsymbol determiniert ein Outputsignal zugeordnet, im Fall eines stochastischen Kanals (in Praxis eines stochastisch gestörten Kanals) jedem Inputsymbol eine Wahrscheinlichkeitsverteilung über den Outputsymbolen.

Ist $X = \{x_1, \ldots, x_n\}$ die Inputmenge, $Y = \{y_1, \ldots, y_m\}$ die Outputmenge, so gibt die Übergangswahrscheinlichkeit $q(y_j/x_i)$ die Wahrscheinlichkeit an, daß am Ausgang des Kanals das Symbol y_j auftritt, wenn x_i am Eingang als Inputsignal vorliegt.

Für den Empfänger der Nachrichten über dem Alphabet Y, der nicht über die Struktur der Quelle $\mathfrak{A}$ und des Kanals $\mathfrak{K}$ orientiert ist, wird die Vorstellung einer diese Nachrichten aussendenden Quelle $\mathfrak{B}$ fiktiv (Abb. 8.2). Die Quelle $\mathfrak{B}$ entsteht aus der Quelle $\mathfrak{A}$ durch Nachschalten des Kanals $\mathfrak{K}$.

Neben einer Person, die nur die Vorgänge an der Quelle $\mathfrak{A}$ verfolgt und dem Empfänger, der nur die Vorgänge am Kanalausgang, also an der Quelle $\mathfrak{B}$ beobachten kann, sei ein außenstehender Beobachter in der Lage, sich über die beiden miteinander verbundenen Quellen zu informieren. Es werde angenommen, daß alle drei Personen statistische Beobachtungen ausführen.

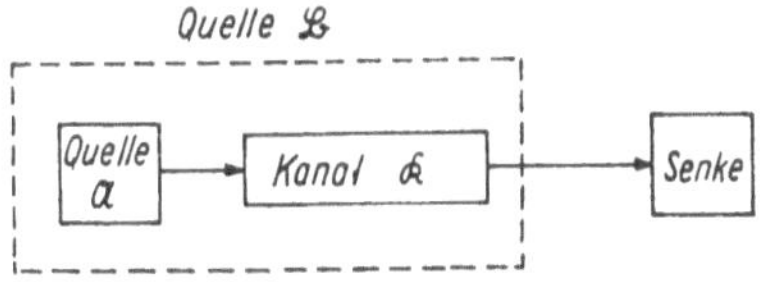

Abb. 8.2. Schema einer direkten Nachrichtenübertragung

Der Beobachter der Quelle $\mathfrak{A}$ wird als Resultat seiner Arbeit ein Wahrscheinlichkeitsfeld über dem Alphabet X erhalten:

$$p(x_i) \quad \text{mit } x_i \in X \quad (i = 1, \ldots, n).$$

In entsprechender Weise gewinnt der Nachrichtenempfänger ein Wahrscheinlichkeitsfeld über dem Alphabet Y:

$$q(y_j) \quad \text{mit } y_j \in Y \quad (j = 1, \ldots, m).$$

Der außenstehende Beobachter registriert das Auftreten der Paare (x_i, y_j); er erhält über der Verbundmenge $X \times Y$ das Wahrscheinlichkeitsfeld

$$r(x_i, y_j) \quad \text{mit } x_i \in X \quad \text{und} \quad y_j \in Y$$
$$(i = 1, \ldots, n; j = 1, \ldots, m).$$

Darüber hinaus ist er allein in der Lage, neben den Feldern $p(x_i)$ und $q(y_j)$ die oben eingeführten Übergangswahrscheinlichkeiten $q(y_j/x_i)$ und die sogenannten Rückschlußwahrscheinlichkeiten $p(x_i/y_j)$ zu gewinnen. Die letzteren geben die Wahrscheinlichkeiten an, mit der bei

Empfang des Symbols y_j auf die Aussendung des Symbols x_i geschlossen werden kann. Dabei bestehen die folgenden Zusammenhänge:

$$p(x_i) = \sum_{j=1}^{m} r(x_i, y_j) \qquad q(y_j) = \sum_{i=1}^{n} r(x_i, y_j),$$

$$p(x_i/y_j) = \frac{r(x_i, y_j)}{q(y_j)} \qquad q(y_j, x_i) = \frac{r(x_i, y_j)}{p(x_i)}.$$

Zu jedem vollständigen Wahrscheinlichkeitsfeld

$$p_i = p(x_i), \quad q_j = q(y_j), \quad r_{ij} = r(x_i, y_j)$$

und damit für die Quelle $\mathfrak{A}$ bzw. $\mathfrak{B}$ bzw. $\mathfrak{A} \times \mathfrak{B}$ läßt sich ein Entropieausdruck bilden:

$$H(\mathfrak{A}) = -\sum_{i=1}^{n} p_i \operatorname{ld} p_i \qquad \text{die Quellen-Entropie,}$$

$$H(\mathfrak{B}) = -\sum_{j=1}^{m} q_j \operatorname{ld} q_j \qquad \text{die Empfangs-Entropie}$$

$$H(\mathfrak{A} \times \mathfrak{B}) = -\sum_{i=1}^{n} \sum_{j=1}^{m} r_{ij} \operatorname{ld} r_{ij} \qquad \text{die Verbund-Entropie.}$$

Aber auch zu den beiden Feldern bedingter Wahrscheinlichkeiten lassen sich entsprechende Ausdrücke gewinnen. Hält man nämlich bei einem Feld bedingter Wahrscheinlichkeiten die Bedingungsgröße fest, so entsteht ein vollständiges Feld hinsichtlich der anderen Größe. Zu jeder Belegung der Bedingungsgröße läßt sich demzufolge eine Entropie angeben. Es liegt nahe, durch Bildung der mathematischen Erwartung über alle Werte der Bedingungsgröße einen dem bedingten Wahrscheinlichkeitsfeld zugeordneten Entropieausdruck zu bilden; man spricht von einer *bedingten Entropie.*

So ergeben sich

$$H(\mathfrak{A}/\mathfrak{B}) = -\sum_{i=1}^{n}\sum_{j=1}^{m} q_j p_{i/j} \operatorname{ld} p_{i/j}$$ die sogenannte Äquivokation,

$$H(\mathfrak{B}/\mathfrak{A}) = -\sum_{i=1}^{n}\sum_{j=1}^{m} p_i q_{j/i} \operatorname{ld} q_{j/i}$$ die sogenannte Irrelevanz.

Zwischen den fünf Entropieausdrücken bestehen Zusammenhänge. Um sie zu gewinnen, gehe man von $H(\mathfrak{A} \times \mathfrak{B})$ aus und beachte die zwischen den Wahrscheinlichkeiten bestehenden Gleichungen:

$$H(\mathfrak{A} \times \mathfrak{B}) = -\sum_{i=1}^{n}\sum_{j=1}^{m} r_{ij} \operatorname{ld} r_{ij} = -\sum_{i=1}^{n}\sum_{j=1}^{m} p_i q_{j/i} \operatorname{ld} p_i q_{j/i}$$

$$= -\sum_{i=1}^{n}\sum_{j=1}^{m} p_i\, q_{j/i} \operatorname{ld} p_i - \sum_{i=1}^{n}\sum_{j=1}^{m} p_i q_{j/i} \operatorname{ld} q_{j/i}.$$

Wegen $\sum_{j=1}^{m} q_{j/i} = 1$ wird dies zu

$$-\sum_{i=1}^{n} p_i \operatorname{ld} p_i - \sum_{i=1}^{n}\sum_{j=1}^{m} p_i q_{j/i} \operatorname{ld} q_{j/i}.$$

Somit ergibt sich

$$H(\mathfrak{A} \times \mathfrak{B}) = H(\mathfrak{A}) + H(\mathfrak{B}/\mathfrak{A}).$$

In entsprechender Weise erhält man

$$H(\mathfrak{A} \times \mathfrak{B}) = H(\mathfrak{B}) + H(\mathfrak{A}/\mathfrak{B}).$$

Das Bergersche Diagramm (Abb. 8.3) zeigt diesen Zusammenhang. Man beachte, daß Äquivokation der Anteil der Quellen-Entropie ist, der infolge der auf den Kanal einwirkenden Störung nicht auswertbar ist, und Irrelevanz der Anteil der Empfangs-Entropie, der in keinem Zusammenhang mit der Quelle steht.

Aus

$$H(\mathfrak{A}) = H(\mathfrak{A} \times \mathfrak{B}) - H(\mathfrak{B}/\mathfrak{A}) \quad \text{und}$$

$$H(\mathfrak{B}) = H(\mathfrak{A} \times \mathfrak{B}) - H(\mathfrak{A}/\mathfrak{B}) \quad \text{folgt}$$

$$H(\mathfrak{A}) - H(\mathfrak{A}/\mathfrak{B}) = H(\mathfrak{B}) - H(\mathfrak{B}/\mathfrak{A}) = T\,.$$

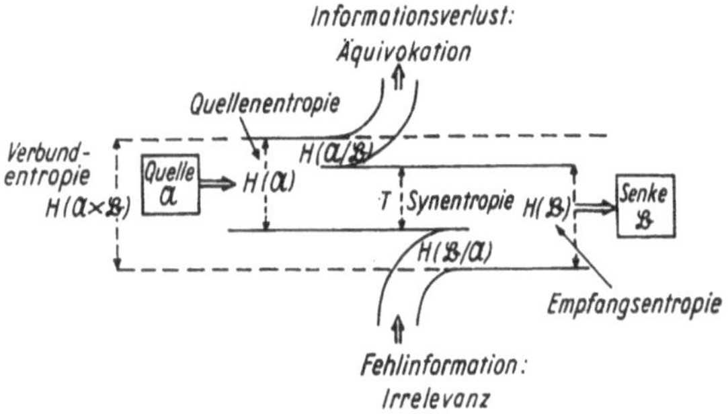

Abb. 8.3. Das BERGERsche Diagramm zum gestörten Kanal

T ist der Anteil der Quellen-Entropie, der zum Empfänger gelangt, also der Anteil der Empfangs-Entropie, der von der Quelle stammt. Die dafür üblich gewordene Bezeichnung *Transinformation* ist insofern nicht ganz zutreffend, da T als Differenz von Entropieausdrücken selbst eine Entropie ist. Von H. PILOTY wird hierfür *Synentropie* vorgeschlagen.

Die Synentropie hängt von den Kanaleigenschaften — also vom Feld $q_{j/i}$ — und von den Quelleneigenschaften — also vom Feld p_i — ab.

Eine entsprechende Darstellung gewinnt man aus

$$\begin{aligned} T &= H(\mathfrak{B}) - H(\mathfrak{B}/\mathfrak{A}) \\ &= -\sum_j q_j \operatorname{ld} q_j + \sum_i \sum_j p_i q_{j/i} \operatorname{ld} q_{j/i}, \end{aligned}$$

ndem man

$$q_j = \sum_i r_{ij} = \sum_i p_i q_{j/i} \quad \text{einsetzt:}$$

$$\mathrm{T} = -\sum_i \sum_j p_i q_{j/i} \operatorname{ld} \sum_k p_k q_{j/k} + \sum_i \sum_j p_i q_{j/i} \operatorname{ld} q_{j/i}.$$

Um daraus eine die Leistungsfähigkeit des Kanals charakterisierende Größe zu gewinnen, variiere man die Quelle, d. h. die p_i, so, daß die Synentropie zu einem maximalen Wert gebracht wird. Bei dieser Variation von T über p_i ist die Nebenbedingung

$$\sum_i p_i = 1$$

zu berücksichtigen.

Als Ergebnis dieser Rechnung erhält man

$$-\sum_j q_{j/i} (\operatorname{ld} q_j - \operatorname{ld} q_{j/i}) = \text{const} \quad \text{für } i = 1, \ldots, n.$$

Der links stehende Ausdruck — er werde mit T_i bezeichnet — hat die Eigenschaft, daß aus ihm durch Bildung der mathematischen Erwartung über p_i die Synentropie gewonnen wird.

$$\sum_i p_i T_i = -\sum_i \sum_j p_i q_{j/i} \operatorname{ld} q_j + \sum_i \sum_j p_i q_{j/i} \operatorname{ld} q_{j/i}.$$

Wenn man im ersten Glied wieder

$$\sum_i p_i q_{j/i} = q_j$$

setzt, erhält man

$$\sum_i p_i T_i = T.$$

Die T_i haben somit den Charakter von Informationen; hier wäre der Ausdruck Transinformation angebracht: T_i ist unter der Bedingung, daß x_i gesendet wird, der Anteil der dabei von der Quelle ausgeschickten Information, der zum Empfänger gelangt.

Die gewonnene Extremwertbedingung läßt die folgende Interpretation zu:

Die Synentropie eines Kanals nimmt genau dann ihren maximalen Wert an, wenn die Wahrscheinlichkeiten der davor geschalteten Quelle so gewählt werden, daß die Transinformationen für die einzelnen Quellensymbole den gleichen Wert annehmen.

Diese Konstante ist dann zugleich der maximale Wert für die Synentropie und wird — sie ist ja eine Eigenschaft des Kanals allein — als *Kanalweite* bezeichnet. (Maßeinheit ist bit pro Symbol.)

Man beachte, daß dieses Ergebnis eine Verallgemeinerung des zuvor gefundenen Satzes ist, daß eine Quelle genau dann maximale Entropie besitzt, wenn sie die einzelnen Symbole mit gleichen Informationsbeträgen aussendet.

Eine aus einer primären Quelle und nachgeschaltetem Kanal bestehende Quelle liefert dann maximale Entropie an den Empfänger — also maximale Synentropie bezüglich der primären Quelle — wenn diese sich gleichmäßig über die einzelnen Quellensymbole verteilt.

Mit diesem Ergebnis ist nicht nur ein Weg gegeben, die Kanalweite eines vorgelegten Kanals — die $q_{j/i}$ sind gegeben — zu bestimmen, es bietet auch eine Möglichkeit, das Wahrscheinlichkeitsfeld einer Quelle, also die p_i, so zu bestimmen, daß die vorhandene Kanalweite voll ausgenutzt wird, die Quelle somit optimal dem Kanal angepaßt ist.

Man setzt in die Ausdrücke für T_i die bei gegebenem Kanal bekannten Werte $q_{j/i}$ ein und erhält durch Gleichsetzung der T_i ein Gleichungssystem für die q_j. Sind diese bestimmt, so können die p_i über das Gleichungssystem

$$q_j = \sum_i p_i q_{j/i}$$

gewonnen werden. Multipliziert man die Kanalweite mit der Übertragungsgeschwindigkeit (Symbol pro Zeiteinheit), so erhält man die sogenannte Kanalkapazität in bit pro Zeiteinheit.

Die volle Ausnutzung der Kanalkapazität eines vorgelegten Kanals wird nur bei einer Quelle erreicht, die die durch den Kanal zu transportierenden Symbole mit den dazu erforderlichen Wahrscheinlichkeiten aussendet. Andererseits ist aber auch die Quelle mit ihrem Wahrscheinlichkeitsfeld ein gegebener Fakt. Daraus resultiert, daß zur optimalen Anpassung einer gegebenen Quelle an einen gegebenen Kanal zusätzliche Maßnahmen erforderlich sind. Die von der Quelle mit dem ihr eigenen Wahrscheinlichkeitsfeld ausgehenden Symbole müssen in ein geeignetes Alphabet umkodiert werden, dessen Symbole dann mit Wahrscheinlichkeiten auftreten, die für den Kanal optimal sind.

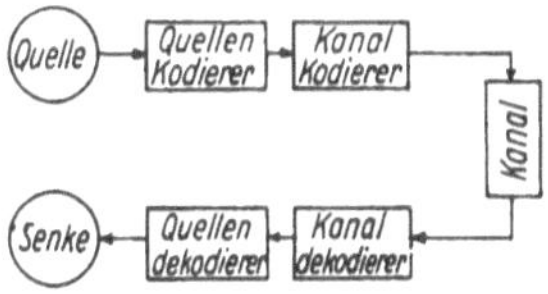

Abb. 8.4. Allgemeines Schema eines Übertragungskanals mit Kodierungs- und Dekodierungseinrichtungen

Eine solche zusätzliche zwischen Quelle und Kanal geschaltete Einrichtung bezeichnet man als *Kodierer*. In vielen Fällen erfordert das angestrebte Zusammenspiel von Quelle und Kanal schon aus physikalisch-technischen Gründen einen zwischengeschalteten Umsetzer: Dies wird immer dann der Fall sein, wenn die von der Quelle ausgehenden Signale quantitativ oder qualitativ nicht der physikalisch-technischen Natur des Kanals entsprechen.

Vielfach wird man den beiden Anpassungsforderungen getrennt Rechnung tragen und neben einem Quellenkodierer einen Kanalkodierer einsetzen. In entsprechender Weise sind dann zwischen Kanal und Empfänger ein Kanaldekodierer und ein Quellendekodierer zu schalten. In vielen Fällen setzt der Quellenkodierer die aus der Quelle stammenden Signale in eine Folge von Binärsymbolen um; Aufgabe des Quellendekodierers ist es sodann, daraus die Quellensignale in befriedigender Weise wiederherzustellen. Input des Kanalkodierers und Output des Kanaldekodierers sind damit losgelöst von der besonderen Beschaffenheit der Quelle und des Empfängers; ihre technische Konstruktion kann daher in allgemeiner Weise erfolgen (Abb. 8.4).

9. Kodierung und Dekodierung

Eine Nachricht entsteht durch Auswahl aus einer Menge von gegebenen Möglichkeiten. Diese Auswahl kann durch bestimmte Regeln — man spricht von syntaktischen Regeln — eingeschränkt sein. Die Auswahl geschieht durch die Nachrichtenquelle; von der Nachrichtensenke wird sie beobachtet.

Dabei wird im allgemeinen ein Nachrichtenelement aus der relativ mächtigen Menge von Möglichkeiten durch mehrere meist aufeinanderfolgende Nachrichtenelemente aus einer relativ kleineren Mannigfaltigkeit von Möglichkeiten gebildet. Sind die Elemente dieser Mannigfaltigkeit — man bezeichnet sie als *Zeichen* — geordnet, so spricht man von einem *Alphabet.*

Wesentlich ist, daß das Alphabet endlich ist. Hierin liegt der Unterschied einer Nachrichtenübermittlung gegenüber einer unmittelbaren Beobachtung: Eine Nachricht kann nur in kodierter Form übermittelt werden, d. h. durch Darstellung mit Hilfe eines endlichen Alphabets.

Unter einem *Kode* versteht man eine Menge von Wörtern über einem Alphabet, die unter Berücksichtigung syntaktischer Regeln eineindeutig den Elementen einer Inputmenge zugeordnet sind.

Die für uns im täglichen Leben wichtigsten Alphabete sind das aus 26 Buchstaben bestehende lateinische Alphabet und die Menge der zehn Ziffern 0, 1, 2, ..., 9. Dazu gehören noch Erweiterungen durch Trenn- und Satzzeichen sowie durch Steuerungszeichen wie Anweisungen zu Wagenrücklauf, Zeilenvorschub, Umschaltungen von Ziffern auf Buchstaben und umgekehrt usw. Kann aus jeder Folge von Kodewörtern wieder eindeutig auf die Inputfolge zurückgeschlossen werden, aus der durch den Kodierungsprozeß die vorgelegte Folge von Kodewörtern entsteht, so heißt der Kode *dekodierbar.*

Ein Kode ist dekodierbar, wenn alle Kodewörter die

gleiche Länge haben oder wenn ein besonderes Symbol als Trennzeichen verwendet wird. Aber auch die Eigenschaft eines Kodes, daß kein Kodewort Anfangswort eines anderen Kodeworts ist — man spricht von einem *irreduziblen Kode* — sichert die Dekodierbarkeit. Um dies einzusehen, stelle man zu dem vorgelegten Kode einen gerichteten Graph in Form eines Baums her (Abb. 9.1).

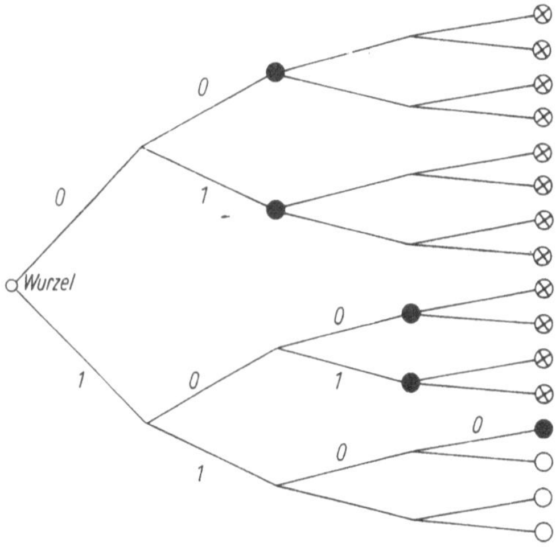

Abb. 9.1. Kodebaum zu einem irreduziblen Kode

Es liege ein irreduzibler Kode vor, dessen Alphabet D Symbole besitzt. $l_1, l_2, \ldots, l_n$ seien die Längen der Kodewörter und l sei die größte dabei auftretende Länge

$$l = \max(l_1, l_2, \ldots, l_n).$$

Dann ergänze man den zugehörigen Baum zu einem vollständigen Baum bis zur l-ten Stufe, d. h., man vervollständige die Zahl der Verzweigungen in jedem Knoten auf D und bringe alle Zweige auf die gleiche Länge l.

Der so gewonnene vollständige Baum enthält D^l-Endknoten. Zu jedem Endknoten existiert umkehrbar eindeutig ein gerichteter Weg von der Wurzel zu ihm. Die an einen irreduziblen Kode gestellte Forderung, daß kein Kodewort Anfangswort eines anderen Kodeworts ist, verlangt, daß auf jedem gerichteten Weg höchstens ein Knoten angetroffen wird, dem ein Kodewort zugeordnet ist. Die von einem solchen Knoten ausgehenden Fortsetzungen enthalten dann nur Knoten, denen kein Kodewort zugeordnet ist. Ist $l_i < l$ die Länge des einem Knoten zugeordneten Kodeworts, so führen die von diesem Knoten ausgehenden Fortsetzungen zu D^{l-l_i} nachgeordneten Endknoten. Ist $l_i = l$, so ist der dem Kodewort zugehörige Knoten selbst Endknoten. Schließlich können Endknoten existieren, zu denen von der Wurzel Wege führen, auf denen kein Knoten anzutreffen ist, dem ein Kodewort zugeordnet ist.

Die Summierung der nach- bzw. zugeordneten Endknoten über alle Kodewörter liefert die folgende Ungleichung:

$$\sum_{i=1}^{n} D^{l-l_i} \leqq D^l .$$

Nach Division durch D^l entsteht daraus die von L. G. Kraft aufgestellte Ungleichung

$$\sum_{i=1}^{n} D^{-l_i} \leqq 1 .$$

Sind umgekehrt n natürliche Zahlen $l_1, l_2, \ldots, l_n$ gegeben und erfüllen diese die Kraftsche Ungleichung, so gibt es stets einen irreduziblen Kode, dessen Kodewörter über einem D Symbole umfassenden Alphabet gebildet sind und die Längen $l_1, l_2, \ldots, l_n$ besitzen.

Es läßt sich nämlich ein Baum konstruieren, aus dem die Existenz eines solchen Kodes gefolgert werden kann. Man ordne die gegebenen natürlichen Zahlen $l_1, l_2, \ldots, l_n$ nach ihrer Größe

$$s_1 \leqq s_2 \leqq \cdots \leqq s_n$$

und konstruiere mit der Verzweigungszahl D den vollständigen Baum bis zur Stufe s_n. Die damit erhaltenen D^{s_n} Endknoten ordne man der Reihe nach i Klassen K_i zu, wobei jeweils in eine Klasse $D^{s_n - s_i}$ $(i = 1, 2, \ldots, n)$ Endknoten gelegt werden. Der zu einer Klasse K_i gehörende gemeinsame Anfangsweg bestimmt dann ein Kodewort der geforderten Länge s_i (s. Abb. 9.2 und Abb. 9.3).

Der gewonnene KRAFTsche Satz und seine Umkehrung gelten zunächst für irreduzible Kodes. Es läßt sich zeigen, daß sie auch allgemein für dekodierbare Kodes gültig sind. Der interessierte Leser findet einen Beweis dazu z. B. in [5].

Ein **Beispiel** erläutere die vorausgegangenen Betrachtungen. 00, 01, 100, 101, 1001 ist ein nichtdekodierbarer Kode; so ist beispielsweise die Folge 100100 nicht eindeutig dekodierbar: 100/100 oder auch 1001/00.

Die den Längen der Kodewörter entsprechenden natürlichen Zahlen 2, 2, 3, 3, 4 erfüllen jedoch die KRAFTsche Ungleichung bei $D = 2$:

$$2^{-2} + 2^{-2} + 2^{-3} + 2^{-3} + 2^{-4} = \frac{4 + 4 + 2 + 2 + 1}{16}$$

$$= \frac{13}{16} < 1 .$$

Somit gibt es einen irreduziblen und damit auch dekodierbaren Kode mit den obigen Längen der Kodewörter:

$$00, 01, 100, 101, 1100 .$$

Geht man von der Vorstellung aus, daß die Quelle ihre Nachricht als Input in die Kodierungseinrichtung schickt und daß deren Output die kodierte Form bietet, so liegt es nahe, von einem Kodekanal zu sprechen. Besitzt das Kodealphabet D Symbole, so ist die Kanalweite durch $\ln D$ gegeben.

Es liege eine Quelle mit dem Wahrscheinlichkeitsfeld w_k $(k = 1, 2, \ldots, K)$ vor. Die den K Signalen dieser Quelle durch die Kodierungseinrichtung zugeordneten Kodewörter mit den Längen (= Anzahl der Symbole) $s_1, s_2, \ldots, s_K$ liefern als mittlere Kodewortlänge

$$\bar{s} = \sum_{k=1}^{K} w_k \cdot s_k .$$

Die Entropie der Quelle ist

$$H = - \sum w_k \cdot \ln w_k .$$

Die Forderung nach Dekodierbarkeit des Kodes ist durch die KRAFTsche Ungleichung gegeben:

$$\sum D^{-s_k} \leqq 1 .$$

Beachtet man, daß für positives x die Ungleichung

$$\ln x \leqq x - 1$$

erfüllt ist, so erhält man

$$\begin{aligned} H - \bar{s} \cdot \ln D &= - \sum w_k \cdot \ln w_k - \sum w_k \cdot s_k \cdot \ln D \\ &= \sum w_k \cdot \ln \frac{D^{-s_k}}{w_k} \\ &\leqq \sum w_k \cdot \left(\frac{D^{-s_k}}{w_k} - 1 \right) = \sum D^{-s_k} - 1 \leqq 0 . \end{aligned}$$

Somit ist

$$\frac{H}{\ln D} \leqq \bar{s} .$$

Wenn ein Kode eindeutig dekodierbar sein soll, so kann die mittlere Kodewortlänge den Wert $\frac{H}{\ln D}$ nicht unterschreiten.

SHANNON hat ein Verfahren angegeben, bei dem die resultierende mittlere Kodewortlänge von dieser Schranke um weniger als eine Einheit abweicht.

Das Verfahren geht von dem gegebenen Wahrscheinlichkeitsfeld w_k $(k = 1, 2, \ldots, K)$ der Quelle und der Anzahl D der Kodesymbole aus. In die absteigende Folge

$$D^{-t}(t = 1, 2, \ldots)$$

lassen sich die w_k stets so dazwischen legen, daß es für jedes k ein t derart gibt, daß

$$D^{-(t-1)} > w_k \geqq D^{-t}$$

gilt. Das in dieser Weise einem k zugeordnete t wird als Kodewortlänge s_k für das Quellensymbol angesetzt, das mit der Wahrscheinlichkeit w_k ausgesendet wird.

Summiert man die rechte Ungleichung der bestehenden Ungleichungen

$$D^{-(s_k-1)} > w_k \geqq D^{-s_k}$$

über k, so erhält man

$$1 \geqq \sum_k D^{-s_k}.$$

Somit ist die KRAFTsche Ungleichung erfüllt: Es existiert ein Kode mit den s_k als Kodewortlängen, der irreduzibel ist. Dieser läßt sich nach dem auf Seite 98 angegebenen Verfahren am Kodebaum konstruieren. Auf das von SHANNON angegebene algebraische Verfahren soll hier nicht eingegangen werden.

Da der Logarithmus eine monoton wachsende Funktion ist, gelten auch die Ungleichungen

$$-(s_k - 1) \cdot \ln D > \ln w_k \geqq -s_k \cdot \ln D.$$

Die Division durch den negativen Wert von $-\ln D$ liefert weiter

$$s_k - 1 < \frac{-\ln w_k}{\ln D} \leqq s_k.$$

Multipliziert man nun mit dem nichtnegativen Wert w_k und summiert über k, so erhält man

$$\bar{s} - 1 < \frac{H}{\ln D} \leqq \bar{s}.$$

Somit gilt

$$\frac{H}{\ln D} \leqq \bar{s} < \frac{H}{\ln D} + 1.$$

Damit ist gezeigt, daß das SHANNONsche Verfahren tatsächlich einen irreduziblen Kode liefert, dessen mittlere Kodewortlänge von der Schranke $\frac{H}{\ln D}$ um weniger als eine Stelle abweicht.

Der SHANNONsche Kode ist aber in jedem Fall optimal.

Das Verfahren werde an einem Beispiel erläutert.

Die Quelle mit dem Wahrscheinlichkeitsfeld

$w_A = \frac{3}{8}$, $w_B = \frac{3}{8}$, $w_C = \frac{1}{4}$ soll binär ($D = 2$) kodiert werden. In die fallende Folge D^{-t} lassen sich die w_A, w_B, w_C wie folgt einordnen:

$$\begin{array}{lll} t = 0 & 1 & \\ t = 1 & 1/2 & \\ & \longleftarrow & w_A = w_B = 3/8 \\ t = 2 & 1/4 \longleftarrow & w_C = 1/4 \cdot \\ t = 3 & 1/8 & \\ \vdots & \vdots & \end{array}$$

Daraus resultieren die Kodewortlängen

$$s_A = s_B = s_C = 2.$$

Die Konstruktion am Kodebaum (Abb. 9.2) liefert als Kodewörter

A: 00
B: 01
C: 10.

Für die Quelle erhält man als Entropie

$$H = 2 \cdot 3/8 \operatorname{ld} 8/3 + 1/4 \operatorname{ld} 4 = 1{,}5610 \text{ bit}.$$

Die Kanalweite des Kodekanals ist $\operatorname{ld} 2 = 1$ bit.

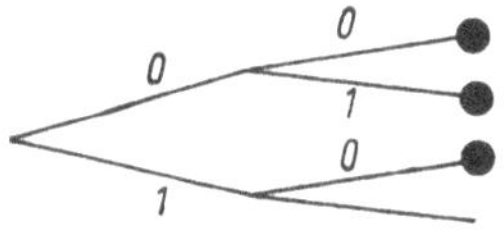

Abb. 9.2. Kodebaum zu einem Binärkode mit den Wortlängen $s_A = s_B = s_C = 2$

Die Schranke ergibt sich zu

$$\frac{H}{\operatorname{ld} D} = 1{,}5610.$$

Tatsächlich ist mit $\bar{s} = 2$

$$1{,}5610 \leqq \bar{s} < 2{,}5610 \quad \text{erfüllt.}$$

Für eine stationäre Quelle, die keine Zwischensymboleinflüsse besitzt, gilt für die auf jeweils m hintereinander ausgesendete Symbole erweiterte Quelle

$$H_m = m \cdot H.$$

Kodiert man nun nicht die einzelnen Symbole, sondern die m-stelligen Symbolblöcke, so gilt für die mittlere Kodewortlänge $\bar{s}_m$ der erweiterten Quelle

$$\frac{H_m}{\ln D} \leqq \bar{s}_m < \frac{H_m}{\ln D} + 1.$$

Nach Division durch m erhält man

$$\frac{H}{\ln D} \leqq \frac{\bar{s}_m}{m} < \frac{H}{\ln D} + \frac{1}{m}.$$

Man kann somit durch Kodierung ausreichend langer Nachrichten die Quelle beliebig günstig an den Kodekanal anpassen. Allerdings wächst entsprechend die Verzögerung bei der Dekodierung.

Die Quelle des obigen Beispiels werde auf Aussendung von Symbolpaaren erweitert. Damit liegt als Wahrscheinlichkeitsfeld für die erweiterte Quelle vor

AA	AB	AC	BA	BB	BC	CA	CB	CC
9	9	9	9	6	6	6	6	4
								/64

Einordnung in die fallende Folge D^{-t}:

$t = 0 \quad 1 = 64/64$

$t = 1 \quad 32/64$

$t = 2 \quad 16/64$

$\longleftarrow w_{AA} = w_{AB} = w_{AC} = w_{BA}$

$t = 3 \quad 8/64$

$\longleftarrow w_{BB} = w_{BC} = w_{CA} = w_{CB}$

$t = 4 \quad 4/64 \longleftarrow w_{CC}$

$t = 5 \quad 2/64$

Daraus ergeben sich die Kodewortlängen

AA, AB, AC, BA: 3

BB, BC, CA, CB, CC: 4.

Der Kodebaum (Abb. 9.3) liefert den Kode

AA	000
AB	001
AC	010
BA	011
BB	1000
BC	1001
CA	1010
CB	1011
CC	1100.

Als mittlere Kodewortlänge ergibt sich aus

$$4 \cdot 9/64 \cdot 3 + 4 \cdot 6/64 \cdot 4 + 1 \cdot 4/64 \cdot 4 = 220/64$$
$$= 3{,}437$$

für jeweils zwei Symbole.

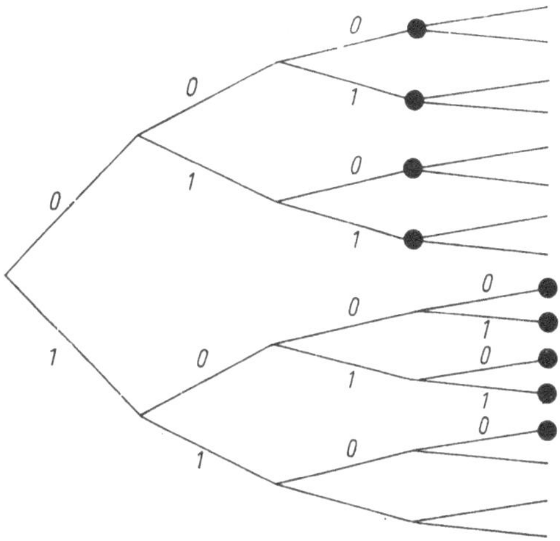

Abb. 9.3. Konstruktion eines Kodebaums nach SHANNON für einen Kode mit 4 Kodewörtern der Länge 3 und 5 Kodewörtern der Länge 4. Der resultierende Kode ist nicht optimal.

Für ein Symbol erhält man daher 1,719 anstelle von 2 der nichterweiterten Quelle.

Der gewonnene Kode ist aber, wie Abb. 9.4 zeigt, nicht optimal.

Während bei einem ungestörten Kanal zu einem Inputsignal ein bestimmtes Outputsignal auftritt und zu verschiedenen Inputsignalen auch verschiedene Outputsignale gehören, führt eine Störung des Kanals dazu, daß zu einem Inputsignal eine ganze Menge von möglicherweise auftretenden Outputsignalen gehört, so daß

u. U. kein eindeutiger Rückschluß von dem empfangenen Signal auf das gesendete Signal möglich ist.

Eine wesentliche Frage im Rahmen der Nachrichtenübertragung ist, wieweit auch bei einem gestörten Kanal eine ungestörte Übertragung möglich ist. Daß dies

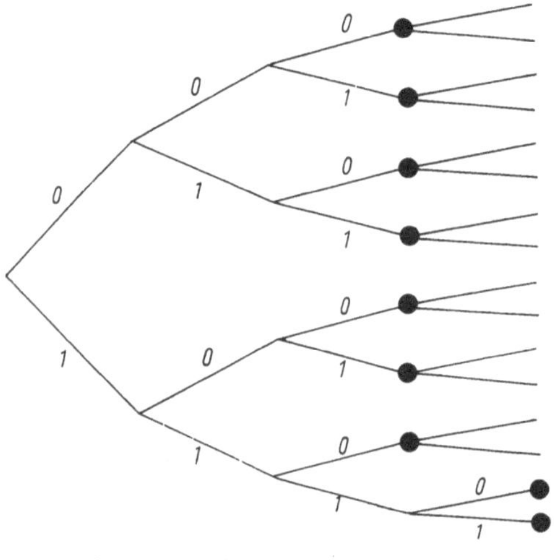

Abb. 9.4. Optimaler Kode zu dem Beispiel aus Abb. 9.3

prinzipiell der Fall ist, zeigt z. B. unser Verhalten bei einem durch Störungen beeinträchtigten Ferngespräch: Wir greifen zur Wiederholung, zur Weitschweifigkeit. Unsere Nachricht erhält Redundanz. Schon unsere Alltagssprache besitzt Redundanz; sie läßt sich als eine im Rahmen der Menschheitsentwicklung hervorgegangene Kodierungsform auffassen, die den Erfordernissen menschlicher Verständigung unter den naturgegebenen Umweltsbedingungen gerecht wird.

Ein eindeutiger Rückschluß von dem empfangenen Signal auf das ausgesendete Signal ist sicher dann möglich, wenn die zu verschiedenen Inputsignalen gehörenden Outputmengen sich gegenseitig ausschließen. Abb. 9.5 bietet ein Beispiel eines gestörten Kanals mit ungestörter Informationsübertragung.

SHANNON ging von diesem Prinzip der unterscheidbaren Outputmengen aus und zeigte in seinem Hauptsatz, daß auch bei gestörtem Kanal eine Übertragung mit beliebiger Sicherheit dann und nur dann möglich ist, wenn die Entropie der Quelle pro Zeiteinheit kleiner als die Kanalkapazität ist.

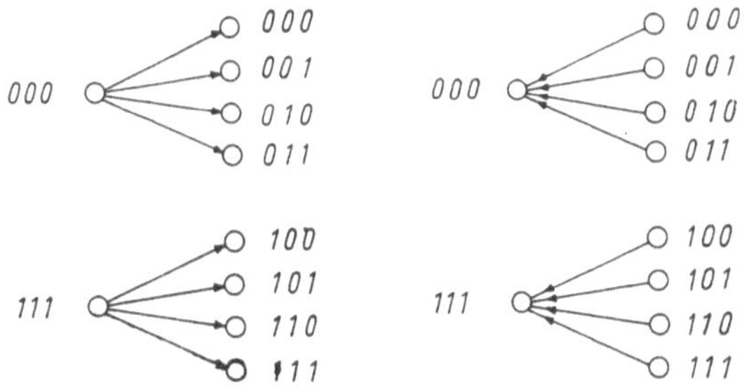

Abb. 9.5. Beispiel eines gestörten Kanals mit ungestörter Informationsübertragung.
Die Outputsignale schließen sich gegenseitig aus und ermöglichen daher den eindeutigen Rückschluß auf das gesendete Signal.

Ist H die Entropie der Quelle pro Quellen-Symbol und ist m die Länge der Kodewörter, so ist $\frac{H}{m}$ die Entropie der Quelle bezogen auf ein Kodesymbol. Diese muß, damit der Kanal nicht „überläuft", kleiner als die Synentropie R des Kanals sein. (Bei optimaler Anpassung ist die Synentropie die Kanalweite.) Es sei δ der nicht ausgenutzte Anteil der Synentropie:

$$R - \frac{H}{m} = \delta .$$

Die von SHANNON durchgeführten Überlegungen [7] zeigen nun, daß der unausgenutzte Synentropie-Betrag des auf die Übertragung m-stelliger Kodewörter erweiterten Kanals, also $m \cdot \delta$, mit der Fehlerhäufigkeit p an die Bedingung

$$m \cdot \delta \geqq \mathrm{ld}\, l/p$$

gebunden ist. Will man eine bestimmte kleine Fehlerwahrscheinlichkeit für die Übertragung sichern, so muß ein entsprechend großer Anteil der zur Verfügung stehenden Synentropie unausgenutzt bleiben. Strebt man eine hohe Ausnutzung an, so muß man dies durch eine große Länge der Kodewörter kompensieren; will man aber nur kurze Kodewörter zulassen, so muß man eine geringe Ausnutzung des Kanals in Kauf nehmen. Die Kombination der beiden obigen Bedingungen liefert als Auflösung nach m

$$m \geqq \frac{H + \mathrm{ld}\, l/p}{R}$$

und damit die erforderliche Mindestlänge der Kodewörter, um bei gegebener Quelle und gegebenem Kanal eine gewünschte Schranke für die Fehlerhäufigkeit auf Grund des Hauptsatzes von SHANNON zu sichern.

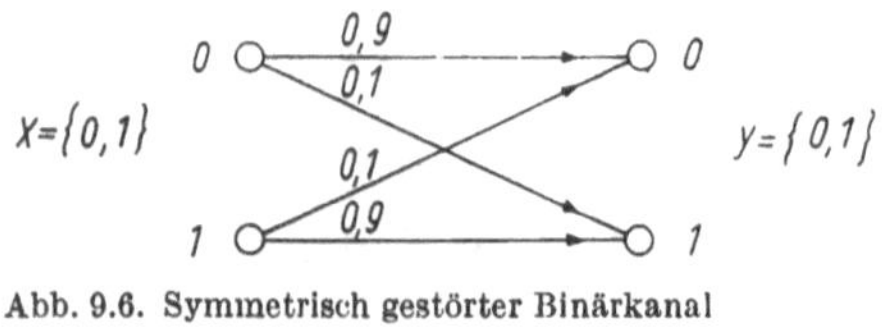

Abb. 9.6. Symmetrisch gestörter Binärkanal

Da die Darbietung der SHANNONschen Überlegungen auch in intuitiver Form den Rahmen der vorliegenden Betrachtungen sprengen würde, seien die Verhältnisse an dem folgenden Beispiel erläutert.

Eine Quelle sende die Symbole A und B mit gleicher Wahrscheinlichkeit aus. Ihre Nachrichten sollen durch den symmetrisch gestörten Binärkanal von Abb. 9.6

übertragen werden, wobei die Fehlerhäufigkeit auf 1% beschränkt bleiben soll.

Wenn die Anpassung so vorgenommen wird, daß die beiden Kodesymbole mit gleichen Wahrscheinlichkeiten auftreten, ergibt sich die Kanalweite nach den Betrachtungen in Kap. 8 aus der dann vorliegenden maximalen Synentropie. Aus

$$H(X) = 1 \text{ bit/Kodesymbol} \quad \text{und}$$

$$\begin{aligned} H(Y/X) &= -0{,}5 \cdot (0{,}9 \cdot \operatorname{ld} 0{,}9 + 0{,}1 \cdot \operatorname{ld} 0{,}1 \\ &\quad + 0{,}9 \cdot \operatorname{ld} 0{,}9 \cdot + 0{,}1 \cdot \operatorname{ld} 0{,}1) \\ &= 0{,}469 \text{ bit} \end{aligned}$$

bestimmt sich die Synentropie zu

$$R = H(X) - H(X/Y) = 0{,}531 \text{ bit.}$$

Die Primärquelle besitzt die Entropie 1 bit/Quellensymbol. Damit erhält man die Mindestlänge der Kodewörter bei der geforderten Fehlerschranke $p = 1/100$ aus

$$m \geqq \frac{1 + \operatorname{ld} 100}{0{,}531} = \frac{1 + 6{,}644}{0{,}531} = 14{,}4$$

zu 15 Stellen.

Der auf 15 Stellen erweiterte Kanal stellt $15 \cdot 0{,}531 = 7{,}96$ bit als Synentropie zur Verfügung. 1 bit wird bei dem Transport eines kodierten Quellensymbols benötigt. Unausgenutzt bleiben demnach 6,96 bit. Um die Fehlerschranke $p = 1/100$ zu sichern, sind mindestens $\operatorname{ld} 100 = 6{,}644$ bit unausgenutzte Synentropie nötig. Somit ist die gewünschte Fehlerschranke gesichert.

Ein nur auf 14 Stellen erweiterter Kanal würde dagegen nur 6,43 bit unausgenutzt lassen und somit nicht mehr den Schluß aus dem Hauptsatz sichern. Das obige Beispiel zeigt folgendes Verhalten (Tabelle):

	① Anzahl der Fehler p	② Anzahl der Wörter mit p Fehlern $\frac{15!}{p! \cdot (15-p)!}$	③ Wahrscheinlichkeit für ein bestimmtes Wort mit p Fehlern $\left(\frac{9}{10}\right)^{15-p}$	④ Wahrscheinlichkeit für das Auftreten eines Wortes mit p Fehlern in % ②×③
korrigierbar	0	1	0,205891132094649	20,59
	1	15	22876792454961	34,31
	2	105	2541865828329	26,68
	3	455	282429536481	12,85
	4	1365	31381059609	4,28
	5	3003	3486784401	1,04
	6	5005	387420489	0,19
	7	6435	43046721	0,03
				$\Sigma \approx 99{,}97$
nicht korrigierbar	8	6435	4782969	0,003
	9	5005	531441	
	10	3003	59049	
	11	1365	6561	
	12	455	729	
	13	105	81	
	14	15	9	
	15	1	1	

Der SHANNONsche Hauptsatz gibt Auskunft, was physikalisch möglich und technisch mit entsprechendem Aufwand realisierbar ist. Er gibt aber keinen Hinweis, wie ein geeigneter Kode geschaffen werden kann. Will man ein konstruktives Verfahren gewinnen, muß man nähere Angaben über den gestörten Kanal machen. Während die Vorgänge im ungestörten Kanal determiniert ablaufen, sind diese im gestörten Kanal stochastischer Natur. Die Fehlerstruktur wird durch die Wahrscheinlichkeiten für das Auftreten der einzelnen Fehler charakterisiert. Man modelliert nun den realen gestörten Kanal durch einen idealisierten Kanal.

Im realen Kanal ist jedem Inputwort eine Wahrscheinlichkeitsverteilung über den Outputwörtern zugeordnet. Für den idealisierten Kanal setzt man an, daß jedem Inputwort nur die Outputwörter zugeordnet sind, die im realen Kanal mit einer Wahrscheinlichkeit auftreten, die größer als eine vorgegebene Schranke α ist. Dabei sieht man von den realen Wahrscheinlichkeiten dieser Wörter völlig ab und ordnet jedem Inputwort nichtdeterminiert die Outputwörter dieser Menge zu. Jedes andere Wort, das nicht zu einer dieser Mengen gehört, tritt im realen Kanal höchstens mit einer Wahrscheinlichkeit auf, die kleiner α ist. Kann man die Kodierung so wählen, daß die den Inputwörtern zugeordneten Mengen von Outputwörtern paarweise fremd sind, so ist eine Dekodierung mit einer Wahrscheinlichkeit größer $1 - \alpha$ möglich. Es liegt dann ein *fehlerkorrigierbarer Kode* vor (Error-correcting code = EC-Code).

Überschneiden sich jedoch die Mengen der den einzelnen Inputwörtern zugeordneten Outputwörter, so ist eine Fehlerkorrektur nicht möglich. Enthält dabei jede dieser Mengen kein Outputwort, das bei fehlerloser Übertragung einem anderen Inputwort entspricht, so ist ein aufgetragener Fehler als solcher zu erkennen. Es liegt ein *fehlererkennbarer Kode* vor (error-detecting code = ED-Code).

Um bei einem fehlerkorrigierbaren Kode den Rückschluß durchführen zu können, müßte die entsprechende Dekodierungsliste der nach Blöcken geordneten Outputwörter vorhanden sein. Der dabei erforderlich werdende hohe Speicheraufwand läßt sich vermeiden, wenn man dem Kode eine geeignete algebraische Struktur zugrunde legt.

Im weiteren werde ein Binär-Kanal betrachtet. Man kann die Kodierung so wählen, daß die Menge der Kodewörter bezüglich der stellenweise anzuwendenden Addition mod. 2 (Symbol $\oplus$) Gruppeneigenschaft besitzt, d. h., daß die folgenden Forderungen erfüllt sind:

1. Die Verknüpfung zweier Kodewörter a und b liefert wieder ein Kodewort. Mit a und b ist auch $a \oplus b = c$ Kodewort.

2. Es gilt das assoziative Gesetz

$$(a \oplus b) \oplus c = a \oplus (b \oplus c).$$

3. Es existiert ein Kodewort als „Nullelement“ 0

$$a \oplus 0 = 0 \oplus a = a\,.$$

4. Zu jedem Kodewort a gibt es ein inverses Kodewort a^{-1}

$$a \oplus a^{-1} = 0\,.$$

Als Beispiel sei der folgende 1EC-HAMMING-Kode angeführt.

a_0: 0000000	a_8: 1000110
a_1: 0001111	a_9: 1001001
a_2: 0010011	a_{10}: 1010101
a_3: 0011100	a_{11}: 1011010
a_4: 0100101	a_{12}: 1100011
a_5: 0101010	a_{13}: 1101100
a_6: 0110110	a_{14}: 1110000
a_7: 0111010	a_{15}: 1111111

Man überzeuge sich, daß der Kode die obigen Gruppeneigenschaften besitzt. Zum Beispiel liefert

$$\begin{array}{rl} a_6 : & 0110110 \\ \oplus\, a_{11} : & \underline{1011010} \\ & 1101100 : a_{13} \end{array}$$

Nullwort ist 0000000.
Zu a_6: 0110110 ist a_9: 1001001 inverses Wort.

Der vorliegende HAMMING-Kode kann als Kodierung einer 16 Elemente enthaltende Menge angesehen werden, die durch die ersten vier Stellen identifiziert wird; man nennt diese die Informationsstellen. Die restlichen drei Stellen geben Redundanz und dienen als Kontrollstellen. Bestimmt man die Anzahl der Stellen, in denen sich je zwei Kodewörter unterscheiden — dies ist die sogenannte HAMMING-Distanz D —, so erhält man bei dem obigen Kode $D = 3$.

In einem idealisierten Kanal, der höchstens einen Fehler pro Kodewort zuläßt, sind demzufolge die Outputblöcke zueinander fremd. Der obige HAMMING-Kode ist somit 1-Fehler korrigierbar (^{1}EC-code) und 2-Fehler erkennbar (^{2}ED-code).

Ohne hier auf die mathematischen Einzelheiten einzugehen, werde angeführt, daß sich zu jedem Gruppenkode ein Gleichungssystem angeben läßt, das die Korrektur eines im Rahmen des idealisierten Kanals gestörten Kodeworts ermöglicht.

Im vorliegenden Beispiel lauten, wenn mit $z_1, z_2, \ldots, z_7$ die einzelnen Stellen bezeichnet werden, die Kontrollgleichungen

$$z_4 + z_5 + z_6 + z_7 = 0, \qquad \text{(Gl. I)}$$

$$z_2 + z_3 + z_6 + z_7 = 0, \qquad \text{(Gl. II)}$$

$$z_1 + z_3 + z_5 + z_7 = 0. \qquad \text{(Gl. III)}$$

Bei einem fehlerfreien Kodewort ist dieses System erfüllt. Ist dieses System nicht erfüllt, so liegt ein Übertragungsfehler vor. Sind k_{I}, k_{II} und k_{III} die sich dabei ergebenden Werte der linken Seiten der Gleichungen I, II bzw. III, so bietet sich über den sogenannten Korrektor $k_{\mathrm{I}}k_{\mathrm{II}}k_{\mathrm{III}}$ das Korrekturwort. Dieses liefert das durch Addition mod 2 aus dem empfangenen Wort das im Rahmen des idealisierten Kanals korrigierte Kodewort.

Korrektor $k_{\mathrm{I}}\ k_{\mathrm{II}}\ k_{\mathrm{III}}$	Korrekturwort
0 0 0	0000000
0 0 1	1000000
0 1 0	0100000
0 1 1	0010000
1 0 0	0001000
1 0 1	0000100
1 1 0	0000010
1 1 1	0000001.

Beispiel: Es sei 1010 010 das empfangene Wort. Das System der Kontrollgleichungen liefert

$$k_{\mathrm{I}} = 1\,,$$

$$k_{\mathrm{II}} = 0\,,$$

$$k_{\mathrm{III}} = 0 \quad \text{und damit den Korrektor 100.}$$

Zu diesem liefert die Tabelle als Korrekturwort 0001000. Im Rahmen des idealisierten Kanals ergibt dies als korrigiertes Wort

$$1011010, \quad \text{d. h. das Kodewort } a_{11}\,.$$

Um einen *Gruppenkode* zu charakterisieren, genügt es, die Kodewörter anzugeben, die in dem Informationsteil genau *eine* Eins tragen. Sie bilden die sogenannte Basismatrix des Kodes. Für den ^{1}EC-HAMMING-Kode erhält man als Basismatrix

$$\begin{pmatrix} 1000\,110 \\ 0100\,101 \\ 0010\,011 \\ 0001\,111 \end{pmatrix}.$$

Unter den Gruppenkodes haben die zyklischen Kodes besondere Bedeutung gewonnen. Hier läßt sich die Menge der Kodewörter aus solchen Kodewörtern gewinnen, die durch zyklische Vertauschung auseinander hervorgehen. Es genügt damit die Angabe eines einzigen Kodeworts.

Beispielsweise lassen sich aus dem Wort

$$1110100$$

durch zyklische Vertauschung zwei weitere linear unabhängige Wörter gewinnen: 0111010 und 0011101. Nimmt man diese drei Wörter als Basiswörter, so läßt sich durch geeignete Spaltenvertauschung daraus die Basismatrix

1001011
0101110
0010111

gewinnen. Der vollständige Kode

0000000
0010111
0101110
0111001
1001011
1011100
1100101
1110010

zeigt durchweg die HAMMING-Distanz $D = 4$. Der Kode ermöglicht somit die Erkennung von drei Fehlern und die Korrektur von einem Fehler.

Der Grund, daß man zyklischen Kodes besondere Aufmerksamkeit zuwendet, liegt darin, daß sie sich insbesondere zur Erkennung gebündelt auftretender Fehler eignen und sich verhältnismäßig leicht mittels relativ kurzer Schieberegister realisieren lassen. Dies ist für ihre Anwendung im Rahmen der Datenfernübertragung ein wesentlicher Gesichtspunkt, da hier aus Gründen einer hohen Sicherheit für die Kodierung Blocklängen von einigen Hundert bis Tausend Stellen benutzt werden. Für die theoretische Behandlung zyklischer Kodes bietet die Mathematik in der Restklassen-Algebra für Polynome eine gut ausgebaute Grundlage. Für den obigen zyklischen Kode zeigt Abb. 9.7 eine Kodierungseinrichtung, die ein vierstelliges Schieberegister besitzt. Eingegeben wird der Informationsteil mit drei Stellen; ihm folgen dann vier Leerstellen. In den ersten drei Takten wird in dem

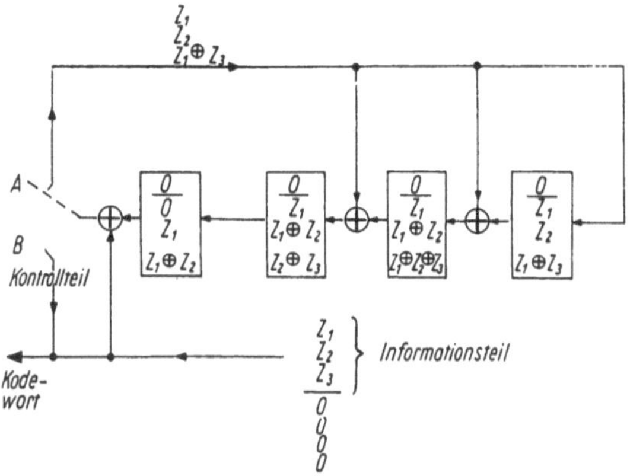

Abb. 9.7. Kodierungseinrichtung für einen zyklischen Kode unter Verwendung eines vierstelligen Schieberegisters:
Schalterstellung A in den Takten 1 bis 3,
Schalterstellung B in den Takten 4 bis 7.

Schieberegister der vierstellige Kontrollteil aufgebaut. Da nach dem dritten Takt der Schalter von A auf B umgelegt wird, folgen diese dann dem schon direkt ausgegebenem Informationsteil als Output.

10. Übertragung, Speicherung und Verarbeitung von Information in technischen Systemen

Anfallende Daten lassen sich in vielen Fällen nicht an der Stelle und zu der Zeit ihrer Erzeugung auswerten und verarbeiten. Bei der dann erforderlich werdenden Übertragung über Ort und (oder) Zeit sind Träger der Information unentbehrlich. Beispielsweise fungiert ein Mensch als Träger, wenn er als Bote eine Nachricht übermittelt, sei es in Form eines Briefes oder über sein Gedächtnis oder auch allein durch seine Ankunft. Die Kenntnis über antike Texte verdanken wir einer weitgespannten Übertragung über die Zeit, wobei vielfältigen Abschriften, in Art eines Relais-Prinzips als regenerierende und verstärkende Prozesse wirkend, wesentliche Bedeutung zukommt. Sagen sind auf uns durch mündliche Überlieferung überkommen, wobei menschliches Gedächtnis die Rolle zeitlich begrenzter Träger spielte. Träger von Informationen können stofflicher Natur sein, wie Steinplatten, Tontafeln, Holzstäbe, Papierbogen, Lochkarten und Magnetbänder im technischen Bereich, wie Hormone, Zellen und Zellstrukturen im organischen Bereich.

Auch Druckwellen bei der Übertragung von Schallsignalen, Stromstärken und Spannungen bei der drahtgebundenen Nachrichtenübertragung, elektromagnetische Feldstärken bei der drahtlosen Funknachrichtentechnik und Übertragung optischer Signale können Träger von Informationen sein.

Um eine Information übertragen zu können, wird ein Träger oder ein Trägerstrom mit den betreffenden Daten der geeignet kodierten Information „beladen", d. h. in bestimmter Weise verformt. Man denke etwa an Hieroglyphen, die in Steinplatten eingemeißelt oder in Tontafeln eingeritzt wurden, oder an Rauchsignale, die durch abwechselndes Abdecken und Freigabe von qualmendem Feuer erzeugt wurden.

Informationsübertragung und die dazu hergestellten technischen Einrichtungen sind ein besonderes Anliegen im Rahmen der menschlichen Kommunikation. Aber auch innerhalb technischer Systeme kommt ihr wesentliche Bedeutung zu, um ein funktionsgerechtes Zusammenspiel der verschiedenen Teilsysteme zu ermöglichen.

Im einleitenden Abschnitt wurden auf S. 12 die Vorgänge in einer Dampfmaschine unter dem Aspekt eines kybernetischen Systems betrachtet. Als Teilsysteme liegen der im Zylinder beweglich angeordnete Kolben und die den Weg der Dampfzufuhr steuernde Schiebereinrichtung vor. Damit die Funktion in gewünschter Weise abläuft, muß die Dampfzufuhr auf einem der jeweiligen Kolbenposition angepaßten Weg erfolgen. Der Schieber „benötigt“ somit Information über die Kolbenstellung. Prinzipiell könnte die erforderliche Informationsübertragung von zwei Bedienungspersonen durchgeführt werden, von denen die eine die Position des Kolbens in linker bzw. rechter Endlage feststellt und die gewonnene Information an die andere Person weitergibt, worauf diese dann den zugehörigen Dampfweg freigibt. Bei der technischen Konstruktion des Schiebers übernimmt ein Gestänge die jeweilige Kolbenposition durch die Lage seines als Input fungierenden Teils, überträgt diese über mechanische Verbindungen an die Outputstelle und damit an den Schieber.

Liegt ein periodischer Trägerstrom vor — in der heutigen Technik der Fernübertragung meist ein Wechselstrom —, so spricht man bei seiner Verformung von einer Modulation. Die sich hierbei anbietenden Möglichkeiten seien etwas ausführlicher betrachtet. Im kontinuierlichen Fall von Trägerschwingungen wird der Trägerstrom durch Amplitude, Frequenz und Phase charakterisiert. Jede dieser Größen kann zur Modulation herangezogen werden.

Die Amplitudenmodulation (AM) (Abb. 10.1) wird meist in Ruhestrombetriebsweise durchgeführt: Bei dem Signal 1 der binärkodierten Nachricht fließt Wechselstrom über die Leitung, bei Signal 0 wird dieser unterdrückt.

Größere Bedeutung für die digitale Signalübertragung hat die Frequenzmodulation (FM) (Abb. 10.2). Sie besitzt den Vorteil, daß auf der Leitung bei jedem Signal Strom vorhanden und damit eine Unterbrechung der Grundleitung leicht zu erkennen ist. Die Trägerfrequenz wird von einem Oszillator erzeugt, der im Rhythmus der zu übertragenden Signale bzgl. der Frequenz umgetastet wird. Bei Signal 1 wird die Trägerfrequenz angehoben, bei Signal 0 gesenkt.

Die Phasenmodulation (PhM) gewinnt für die Datenübertragung zunehmend an Bedeutung, da sie gegenüber

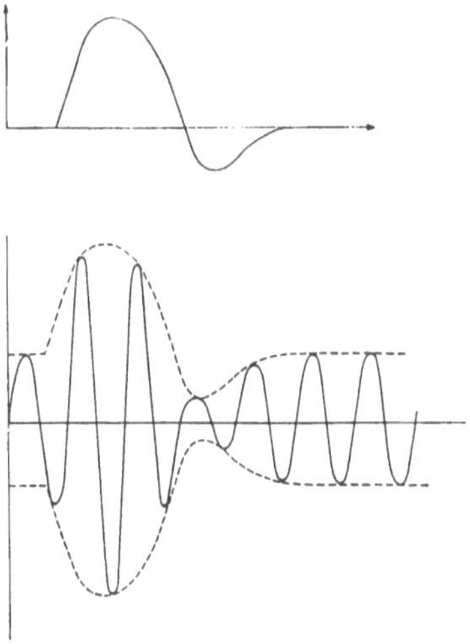

Abb. 10.1. Amplitudenmodulation (AM)
Ein positiver Signalwert führt zur Vergrößerung, ein negativer zur Verkleinerung der Amplitude der Trägerschwingung.

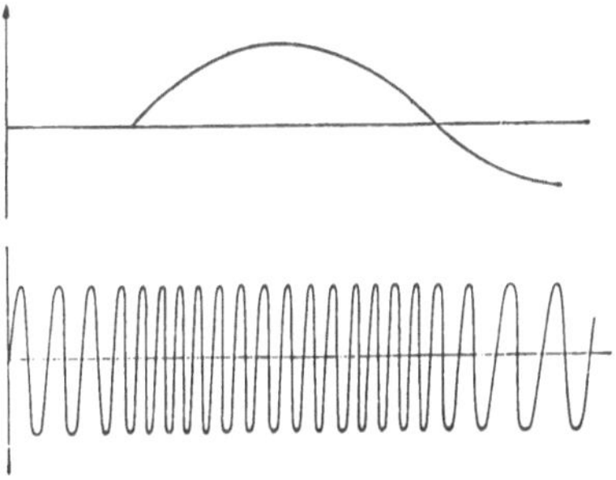

Abb. 10.2. Frequenzmodulation (FM)

Störungen am unempfindlichsten ist. Im einfachsten Fall wird der Wechselstrom im Rhythmus der Signale um 180° umgepolt.

Im diskontinuierlichen Fall einer Impulsfolge als Trägerstrom bieten sich ebenfalls drei Größen zur Modulation an, die Impulsamplitude, der Impulsabstand und die Impulsdauer (Abb. 10.3). Bei der Pulsamplitudenmodulation (PAM) wird der Momentanwert der Nachricht durch die Abweichung der Impulsamplitude von einem Mittelwert dargestellt.

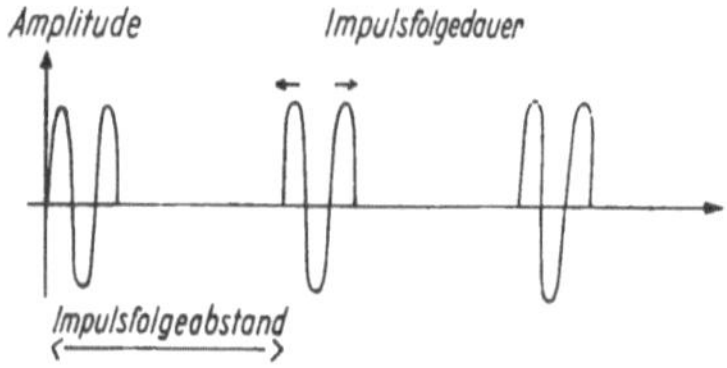

Abb. 10.3. Impulsfolge als Trägerstrom

Bei der Pulslängenmodulation (PLM) wird die Impulsdauer mit der darzustellenden Nachricht verändert. Dabei sind technisch drei Varianten möglich: zwei unsymmetrische Modulationen, je nachdem ob die vordere bzw. die hintere Impulsflanke mit dem Takt auftritt und die andere Flanke moduliert wird, und eine symmetrische, bei der die Impulsmitte im Takt feststeht und beide Flanken moduliert werden.

Bei der Pulsphasenmodulation (PPM) werden die Impulse unverändert in Form und Größe ausgesendet, ihre Lage bezogen zum Takt durch die Nachricht gegenüber der Ruhelage dagegen verändert. Wird die Impulsfolgefrequenz mit der Nachricht verändert, so liegt eine Pulsfrequenzmodulation (PFM) vor.

Schließlich sei noch auf die Pulskodemodulation (PCM) hingewiesen, bei der die Impulse in gleicher Form und Lage ausgesendet werden und der Momentanwert der Nachricht zum Abtastzeitpunkt in binärkodierter Form durch eine entsprechende Impulsgruppe übertragen wird.

Die Übertragung kann sequentiell oder parallel erfolgen. Dabei bietet eine Parallelübertragung eine höhere

Übertragungsgeschwindigkeit, erfordert aber einen dementsprechend höheren technischen Aufwand.

Große Aufmerksamkeit hat man den technischen Möglichkeiten zugewendet, auf einer Leitung „gleichzeitig“ mehrere Nachrichten übertragen zu können. Es seien hier zwei Verfahren zur Multiplex-Übertragung skizziert, die Zeitselektion und die Frequenzselektion.

Bei der Zeitselektion wird die Leitung mit Hilfe elektronischer Schalteinrichtungen in zeitlicher Aufeinanderfolge den einzelnen Benutzern für jeweils einen kurzen Zeitbereich zur Verfügung gestellt. Daß sich dabei etwa 10 Gespräche „gleichzeitig“ über die eine Leitung übertragen lassen, beruht auf einem akustischen Analogon zu dem beim Film ausgenutzten optischen Prinzip der Darstellung eines Bewegungsablaufs mittels einer Folge stehender Bilder. Die kürzeste Ansprechdauer eines Buchstabens beträgt 0,002 s. Zerhackt man den akustischen Ablauf in Zeitabständen von etwa einem Zehntel dieser Zeitdauer, so läßt sich infolge einer Art von „Nachwirkung“ der Laut durch eine Folge akustischer „stehender“, d. h. gleiches Frequenzspektrum besitzender Impulse für die menschliche Wahrnehmung nachbilden.

Bei der Frequenzselektion — sie arbeitet im Parallelverfahren — benutzt man die Tatsache, daß sich einerseits Leitungen mit hoher Bandbreite schaffen lassen und sich andererseits der Sprachfrequenzbereich (300 bis 3300 Hz) in andere Frequenzbereiche transformieren läßt. Moduliert man beispielsweise eine Trägerfrequenz von 6000 Hz mit der Sprechfrequenz, so entstehen zwei Nebenbänder mit 6300 bis 9300 Hz bzw. 5700 bis 2700 Hz. Filtert man das letztere Band aus, so liegt eine Transformation des Sprechfrequenzbereichs auf das Band 6300 bis 9300 Hz vor. Teilt man die gesamte zur Verfügung stehende Bandbreite der Leitung in Bereiche von etwa 4000 Hz auf, so läßt sich unter Verwendung der entsprechenden Trägerfrequenzen eine Vielzahl von Gesprächen gleichzeitig auf der einen Leitung übertragen.

Auch das Speichern von Information läßt sich als

Übertragung auffassen, nämlich als „Übertragung über die Zeit".

Benutzt man als Träger einen materiellen Gegenstand, so liegt ein statischer Speicher vor. Wie schon oben erwähnt, wird beim statischen Speicher beim „Einschreiben" wie beim „Lesen" Energie benötigt. Dynamische Speicher benötigen zur Speicherung laufend Energie. In der Dokumentation bedient man sich statischer Speicher, wie Notizblätter, Bücher, Bibliotheken, Lochkarten, Filme, Schallplatten und Tonbänder.

Als Beispiel eines kinetischen Speichers sei der akustische Laufzeitspeicher angeführt, der insbesondere bei den Rechenautomaten der frühen Entwicklungszeit vielfach Verwendung fand. Über eine akustische Leitung (Quecksilberröhre, Nickeldraht, Quarzstab) laufen die zu speichernden Ultraschallsignale mit der der Leitung eigenen Schallgeschwindigkeit von ihrem Eingang bis zu ihrem Ausgang. Hier werden die akustischen Signale vermöge des piezoelektrischen Effekts in elektrische Signale umgewandelt, verstärkt und wieder dem Eingang als akustische Signale zugeführt. Die gespeicherten Signale sind nur einmal während eines Umlaufs greifbar.

Das Abspeichern — man spricht von einem „Einschreiben" — wie der Zugriff zu einer gewünschten Information, das „Lesen", geschieht im allgemeinen bei technischen Speicherverfahren über eine örtlich oder (und) zeitlich ausgelegte „Adresse", d. h. über eine Angabe, wo oder (und) wann die betreffende Information zu erfassen ist. Sehr aufwendig und daher bis jetzt nur in geringem Maße angewendet sind Assoziativ-Speicher, bei denen der Zugriff über eine für die gesuchte Information charakteristische Teilinformation erfolgt.

Großspeicher, wie sie sich beim gegenwärtigen Stand der Technik herstellen lassen, besitzen eine Speicherkapazität von 10^6 bis 10^{10} bit bei einer Zugriffszeit von 0,05 bis 30 s. In ihnen lasse nsich also 10^6 bis 10^{10} Binärstellen speichern und in einer Zeit von 0,05 bis 30 s abrufen.

Informationsverarbeitung ist ein Vorgang, bei dem aus einer oder mehreren einlaufenden Nachrichten eine neue Nachricht erzeugt wird. Bekannte Beispiele sind die Addition von Zahlen und die Addition von Vektoren. Bei diesen Verknüpfungsoperationen liegt die resultierende Nachricht im gleichen Bereich wie die Eingangsnachrichten: Aus Zahlen entsteht wieder eine Zahl, aus Vektoren wieder ein Vektor. Anders liegen die Verhältnisse z. B. bei der Verknüpfungsoperation „Vergleichen". Hier wird aus zwei Eingangsnachrichten — sie mögen wieder aus dem Zahlen- oder dem Vektorbereich entnommen sein — eine resultierende Nachricht gewonnen, die entweder im binären Bereich {gleich, ungleich} oder im ternären Bereich {kleiner, gleich, größer} liegt.

Ein Signal kann bezüglich seines Definitionsbereichs auf der Zeitachse und bezüglich seines Wertebereichs kontinuierlich oder diskret sein. Dementsprechend wird ein Signal zeitkontinuierlich oder zeitdiskret und wertkontinuierlich oder wertdiskret genannt. Wird ein zeit- und wertkontinuierlicher Vorgang wieder kontinuierlich abgebildet, so spricht man von einem *analogen Signal.* Ein zeit- und wertdiskretes Signal wird als *digitales Signal* bezeichnet. Abb. 10.4 gibt neben einem analogen und einem digitalen Signal je ein Beispiel für ein zeitkontinuierliches und wertdiskretes Signal sowie für ein zeitdiskretes und wertkontinuierliches Signal.

Vielfach wird ein digitales Signal zweiwertig kodiert. Auch hierfür gibt Abb. 10.4e ein Beispiel.

Die weiteren Betrachtungen beschränken sich auf zweiwertig kodierte digitale Nachrichten. Die beiden zur Verwendung kommenden Symbole haben im allgemeinen nicht die Bedeutung von Zahlenwerten, auch wenn dafür vielfach 0 und 1 verwendet werden. Ein bekanntes Beispiel einer digitalen binär kodierten Nachricht bietet eine unter Vernachlässigung der Gelbzeiten betrachtete Verkehrsampel auf einer Kreuzung mit vier Einmündungen mit rot und grün als Symbole, da durch eine Ampelstellung (rot oder grün) die andere schon komple-

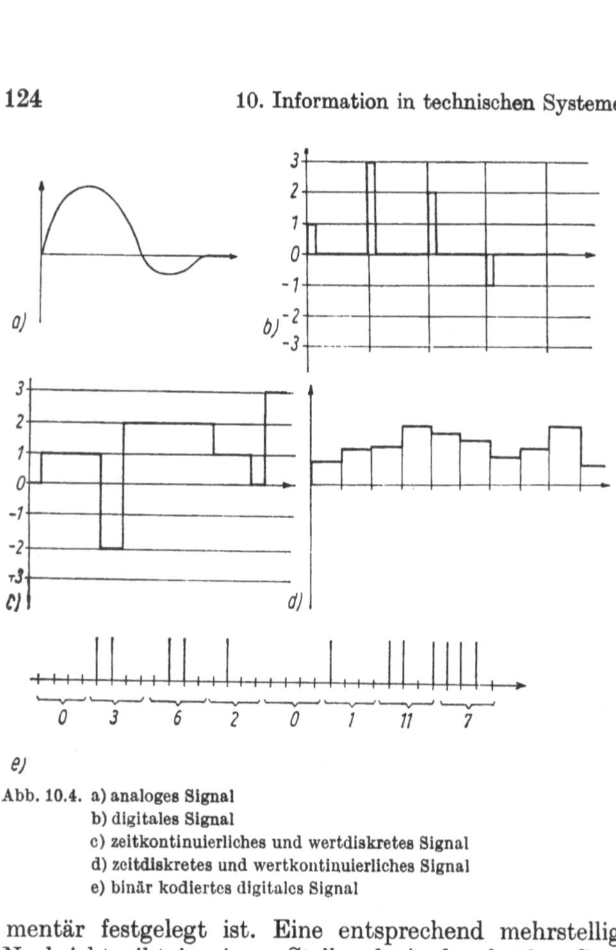

Abb. 10.4. a) analoges Signal
b) digitales Signal
c) zeitkontinuierliches und wertdiskretes Signal
d) zeitdiskretes und wertkontinuierliches Signal
e) binär kodiertes digitales Signal

mentär festgelegt ist. Eine entsprechend mehrstellige Nachricht gibt in einem Stellwerk Auskunft über Sperrung bzw. Freigabe der einzelnen Fahrtrichtungen einer Gleisanlage. Hierbei bezieht sich jede Stelle des über dem Alphabet {rot, grün} gebildeten Wortes auf eine bestimmte Fahrtrichtung eines Gleises.

Es liege ein informationsverarbeitendes digitales System vor, in das mehrere binärkodierte Nachrichten einlaufen und aus dem eine binärkodierte Nachricht ausläuft. Die parallel einlaufenden Nachrichten lassen sich zu einem Binärwort zusammenfassen. Damit besteht ein kausaler Zusammenhang zwischen einem n-stelligen Inputwort und einem m-stelligen Outputwort.

Ordnet man jeder Stelle des Inputwortes und jeder Stelle des Outputwortes eine BOOLEsche Variable zu, so läßt sich dieser Zusammenhang durch m BOOLEsche Funktionen von jeweils n Argumentvariablen darstellen. Nun ist eine wesentliche Aussage der BOOLEschen Algebra, daß sich jede BOOLEsche Funktion durch Kombination einiger weniger elementarer Operationen darstellen läßt, beispielsweise durch die Negation zusammen mit der Konjunktion oder mit der Disjunktion.

Es liegt nicht im Rahmen der vorliegenden Einführung, eine Darstellung der BOOLEschen Algebra zu geben [5]. Hingewiesen sei aber auf zwei Gründe, die die BOOLEsche Algebra für die Kybernetik zu einer wesentlichen mathematischen Disziplin haben werden lassen. Der eine Grund liegt darin, daß die technische Interpretation der BOOLEschen Algebra als Schaltalgebra bei der Aufstellung kybernetischer Modelle und Einrichtungen bis hin zu dem programmgesteuerten Rechenmaschinen ein äußerst wertvolles, ja sogar unentbehrliches Hilfsmittel bildet.

Der zweite Grund liegt darin, daß ein anderer Aspekt bei der Interpretation der BOOLEschen Algebra zur Aussagenlogik führt. Sind bei der Schaltalgebra die Objekte technische Schaltelemente, wie Relais, Elektronenröhren, Dioden und daraus aufgebaute Schaltkreise und Schaltwerke, so sind die Objekte der Aussagenlogik Aussagen. Dabei ist unter *Aussage* eine Nachricht zu verstehen, die die spezielle Eigenschaft besitzt, daß sie entweder wahr oder falsch ist, und daß ihr nur hinsichtlich dieser Eigenschaft Bedeutung zukommt.

Eine spezielle und besonders hoch entwickelte informationsverarbeitende Maschine ist der *digitale Rechenautomat* [8]. Durch ein von außen eingegebenes Startsignal wird ein autonomer Ablauf ausgelöst, der in einem sich gegenseitig vielfach beeinflussenden Spiel von Speicherung, Übertragung und Verarbeitung von Informationen besteht. Der Gesamtspeicher ist den verschiedenen Belangen entsprechend unterteilt. Lochkartenanlagen, Drucker, Bildschirme und automatische Zeichengeräte ermöglichen als Ein- und Ausgabegeräte den Kontakt mit der Umwelt. Band-, Scheiben-, Trommel- und Matrixspeicher sowie Register fungieren als Lang-, Mittel- und Kurzzeitspeicher. Die Zentraleinheit besteht aus dem Leitwerk und dem „Rechenwerk“. Dieses verfügt über eine Reihe durch Steuerung einstell-

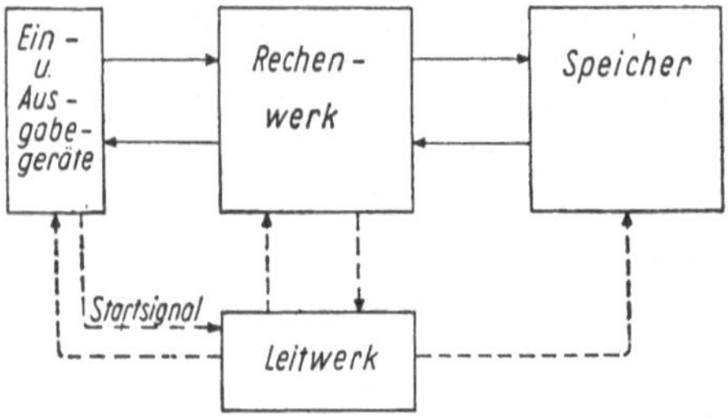

Abb. 10.5. Schema eines digitalen Rechenautomaten

barer Verhaltensweisen, die vielfältige Verknüpfungen der in sie einlaufenden Informationen ermöglichen, wie arithmetische, logische und organisatorische Operationen. Das Leitwerk steuert nach dem Start den weiteren Ablauf auf Grund einer in einem Eingabemedium zusammen mit den zu verarbeitenden Daten gespeicherten Folge von maschinengerecht kodierten Anweisungen, dem sogenannten *Maschinenprogramm.* Dabei kommen zwei unterschiedliche, sich gegenseitig beeinflussende Informationsströme zustande; den einen bilden die steuernden Informationen, das sind die den einzelnen im Programm enthaltenen Anweisungen entsprechenden Signale, das andere die zu verarbeitenden Daten (Abb. 10.5). Zugriff und Ablegen der Informationen erfolgen nach dem Adressenprinzip, d. h. durch Angabe der Lage der jeweiligen Speicherzelle. Eine vom Leitwerk eingeholte Anweisung enthält neben den Adressen der zu verarbeitenden Daten und der Angabe der an ihnen zu vollziehenden Operation implizit oder explizit einen Hinweis, unter welcher Adresse die danach einzuholende Anweisung zu finden ist. Damit ist das Leitwerk in der Lage, die zu verarbeitenden Daten der entsprechenden Verarbeitung zuzuführen und das Resultat wieder abzuspeichern; danach holt es die nächste Anweisung ein. Greift einerseits der Fluß der Steuerinformationen auf den Datenfluß ein, so kann aber auch der Datenfluß auf die Steuerinformation einwirken: Diese Möglichkeit ist durch bedingte Anweisungen gegeben. Die im Ablauf eintretenden Zwischenergebnisse — ihre Gesamtheit verkörpert zu jedem Zeitpunkt zusammen mit der anstehenden Programmanweisung den momentanen Zustand des Systems— nehmen Einfluß auf den weiteren Ablauf.

Nun stellt ein Programm selbst eine Information dar, die einer Verarbeitung durch den Rechenautomaten zugänglich ist. Somit bietet sich die Möglichkeit, ein in einer der menschlichen Vorstellung angemessenen Form vorliegendes Programm, das nach maschinengerechter Kodierung von dem Automaten zwar „gelesen", u. U. aber gar nicht ausgeführt werden kann, dem Automaten als eine zu verarbeitende Information zuzuführen. Gibt man dem Automaten ein weiteres geeignetes Programm ein — man spricht von einem *Compiler* —, so vermag er das als Daten eingegebene zu verarbeitende Programm in ein von ihm ausführbares Maschinenprogramm umzuwandeln. Erst mit dieser Möglichkeit einer automatischen Übersetzung ist ein menschlich und ökonomisch tragbarer Weg für das Programmieren gegeben.

Der Mensch schreibt seine Programme in einer ihm verständlichen und dem jeweiligen Arbeitsgebiet speziell angepaßten „Sprache" und überläßt es dem Automaten, daraus ein dem vorgesehenen Automatentyp angepaßtes Maschinenprogramm zu liefern. Der dabei erforderliche Compiler verlangt zu seiner Erstellung zwar einen erheblichen Arbeitsaufwand, steht aber dann für alle Aufgaben bereit, die den gleichen Übersetzungsprozeß erfordern.

Prinzipiell läßt sich aber auch die aufwendige Erstellung spezieller Compiler durch einen einmalig zu schaffenden Compiler für Compilererstellung einem Automaten übertragen. Neben dem hohen Arbeitsaufwand setzen aber auch die begrenzten Speicherkapazitäten hier Grenzen.

11. Übertragung, Speicherung und Verarbeitung von Information in biologischen Systemen

Auch die Natur bedient sich zur Informationsübertragung im Rahmen biologischer Systeme der beiden folgenden Möglichkeiten, der Übertragung mittels materieller Träger und der mittels Energieströmen.

Als ein Beispiel der ersten Art werde hier die Blutzuckersteuerung im menschlichen Organismus angeführt. Zucker ist der Nähr- und Brennstoff für den Organismus; er wird durch den Blutkreislauf und den Austausch der Körperflüssigkeit an die Verbraucherstellen transportiert und liefert dort durch Verbrennung im Intermediärstoffwechsel die benötigte Energie. Diese wird einmal für die Deckung des Grundumsatzes zur Aufrechterhaltung der allgemeinen Körperfunktionen benötigt, darüber hinaus für die Bewegung und die körperliche Arbeit der Muskeln. Daher wechselt die Anforderung an den Blutzuckerspiegel sehr stark und macht seine Regelung zu einer lebenswichtigen Funktion. Führungsgröße dieser Regelung ist die jeweilige Aktivität des Organismus. Realisiert wird sie durch eine Reihe vermaschter und teilweise hierarchisch angeordneter Regelkreise. Regelstrecke ist dabei das Blut. Als Stellglieder fungieren die Leber, diese in mehrfacher Hinsicht, der Dünndarm, das Bindegewebe zusammen mit den Muskeln sowie die Niere. Dabei sind Bindegewebe und Muskeln Verbraucher. Die Leber erzeugt einerseits Zucker aus Glykogen sowie aus Fetten und Eiweißen durch Glukoneogenese, vermag diesen aber auch zu speichern und bei Bedarf wieder abzugeben. Andererseits tritt sie bei Zuckerüberangebot auch als Verbraucher auf, indem sie Zucker zur Fettbildung umwandelt.

Der Dünndarm vermag bei Mangel, Zucker direkt durch Resorption aus fermentativ gespaltenen Nahrungsmitteln zu gewinnen. Der normale Zuckerspiegel liegt bei 80 mg$\%_0$. Bei Werten über 180 mg$\%_0$ wird die Nierenschwelle überschritten und Zucker im Urin ausgeschieden.

Die Steuerung des Blutzuckerspiegels vollzieht sich auf hormonaler Basis und zwar bipolar: Für die Begrenzung nach oben und nach unten sind getrennte Regelmechanismen verantwortlich. Zentren dieser Steuerung im Rahmen einer Anpassung, zur Mobilisierung der Reserven und zur Koordinierung mit anderen Körperfunktionen sind endokrine Düsen, nämlich die Bauchspeicheldrüse, die Nebenniere und die Schilddrüse. Die Bauchspeicheldrüse sondert Insulin ab, das den Zuckerüberfluß verhindert, die Zuckererzeugung in der Leber bremst und den Verbrauch in der Peripherie, d. h. Muskulatur, fördert. Wesentliches Gegenhormon ist Adrenalin, das aus der Nebenniere stammt. Das von der Schilddrüse abgegebene Thyroxin fördert u. a. den Zuckerabbau in Muskeln und Nervenzellen.

Diese den unterschiedlichen Hormonausstoß gebenden Zentren werden ihrerseits im Rahmen einer hierarchischen Struktur einmal von der übergeordneten Hypophyse, der Hirnanhangdrüse, gesteuert, wobei sich eine Rückführung von Sekreten der Bauchspeicheldrüse und der Nebenniere stabilisierend auswirkt. Eine weitere Steuerung, die sich auch auf die Hypophyse auswirkt, erfolgt auf nervösem Weg wiederum bipolar über den Nervus vagus und den Nervus symphaticus unmittelbar von den beiden im Zwischenhirn gelagerten Blutzuckerzentren. Darüber hinaus greifen als allgemeine Führungsgrößen aus der Hirnrinde eine gesteigerte Aufmerksamkeit, der Ansatz zum aktiven Handeln und zu Willkürhandlungen durch Steigerung der Zuckerbereitstellung ein.

Das gesamte stark vermaschte System arbeitet, da es im wesentlichen auf hormonaler Basis abläuft und nur wenig von dem Nervensystem Gebrauch macht, relativ langsam. Wie bei technischen Steuersystemen können auch bei Steuerungen in biologischen Systemen Schwingungen bei Übersteuerungen auftreten. So zeigen sich beim Abklingprozeß eines durch Zuckerstoß hervorgerufenen Überschusses Schwingungen mit einer Periode von etwa einer Stunde.

Viele weitere Steuerungen und Regelungen werden in biologischen Systemen ebenfalls auf hormonaler Basis bewältigt, so z. B. die der Körpertemperatur mit einem Zeitgang von 24 Stunden. Neben Steuerungen mit relativ kurzfristigem Zeitgang finden sich auch langfristige Zeitprogramme mit monatlichen und ganzjährigen Perioden sowie Prozesse, die das Wachstum und das Altern bedingen. Auch hier greifen Hormone der endokrinen Drüsen auslösend, steuernd und regelnd ein.

Als ein weiteres Beispiel einer auf der Basis materieller Substanz ablaufender Informationsübertragung in biologischen Systemen werde hier noch die Übertragung der Erbinformation kurz behandelt [9].

Die Proteine treten strukturell zwar in unübersehbarer Vielfalt von Variationen auf, spezifisch nicht nur für die verschiedenen Tierarten und den Menschen, sondern spezifisch auch für die verschiedenen Organe. Sie bestehen aber aus Kombinationen nur weniger gleicher Bausteine.

Die Proteine sind Kettenmoleküle, die aus einem „Alphabet“ von 20 Aminosäuren in linearer Folge aufgebaut sind und sich durch die jeweilige Reihenfolge der Aminosäuren unterscheiden. Diese Ketten bilden die Primärstruktur der Proteine. Dadurch, daß diese Ketten verschiedenartig gewendelt werden, kommt eine Sekundärstruktur meist in der Form einer doppelsträngigen Helix (schraubenförmige Anordnung) zustande. Durch räumliche Faltungen und Zusammenlagerungen entstehen daraus als Tertiär- und Quartärstrukturen die biologisch aktiven Proteinstrukturen, so z. B. verschiedene Enzyme (Fermente), die als Katalysatoren die Substratumwandlungen im Stoffwechsel entsprechend ihrer Struktur bewirken.

Eine Aminosäure besteht aus einer Carboxylgruppe (COO^-), die mit einem zweiten C-Atom verknüpft ist, an dem die basische Aminogruppe (NH_3^+) hängt und aus dem für jede Aminosäure typischen Rest.

Zwei Aminosäuren können sich zu einer Zweiergruppe (Peptid) zusammenschließen, wobei sich unter Abscheidung von Wasser die Säuregruppe der einen mit der Aminogruppe der anderen verbindet. Auf diese Weise können sehr lange Ketten gebildet werden (Größenordnung einige hundert). Die Länge der Kette zusammen mit der Anzahl der 20 zur Verfügung stehenden Aminosäuren ermöglicht eine unvorstellbare Vielfalt von Strukturvariationen. (Eine Kette von 100 Aminosäuren läßt sich auf 20^{100} verschiedene Arten bilden. Aus $100 \times \log 20 = 130{,}10$ ergibt sich $20^{100} \approx 10^{130}$, d. i. eine 130-stellige Dezimalzahl.) Die für den Aufbau von Eiweißmolekülen erforderlichen Aminosäuren werden durch fermentative Spaltung aus der Nahrung entnommen.

Im folgenden soll dargestellt werden, wie der jeweilige Bauplan, der die Reihenfolge für die Anordnung der einzelnen Aminosäuren in einer zu bildenden Peptid-Kette festlegt, gespeichert ist, wie die entsprechende Information im Metabolismus wirksam wird. Die genetische Information ist im Zellkern in einer verschlüsselten Form mittels Nucleinsäure gespeichert. Die Nucleinsäuren treten in langen Ketten auf. Das Rückgrat dieser Ketten ist eine fortlaufende Folge von Zucker und Phosphorsäure. Dabei treten als variable Seitenketten Basen auf.

```
Zucker—Phosphorsäure—Zucker—Phosphorsäure— ...
  |                      |
Base                   Base
```

Ist der Zuckeranteil Ribose, so liegt eine Ribonucleinsäure (**RNA**) vor, ist er Desoxyribose, so eine Desoxyribonucleinsäure (**DNA**). Es gibt jeweils vier verschiedene Basen, die hier auftreten können:

Für **DNA** Adenin (**A**), Cytosin (**C**), Guanin (**G**) und Thymin (**T**). Für **RNA** Adenin (**A**), Cytosin (**C**), Guanin (**G**) und Uracil (**U**). Somit existieren für **RNA** und für **DNA** jeweils 4 verschiedene Nucleotide.

Nucleotide können sich nun über die Phosphorsäure als verbindendes Glied zu Polynucleotiden zusammenschließen.

Die Nucleinsäure-Ketten treten im allgemeinen paarweise als Doppelhelix auf, wobei die beiden Ketten über die Basen durch Wasserstoff-Brücken quer miteinander verbunden sind. Dabei können aber nur bestimmte Basenpaare auftreten:

A—T bzw. **A—U**

und **C—G**.

Es ist ein erstaunliches Ergebnis der Molekularbiologie, den Schlüssel (Kode) aufgedeckt zu haben, mittels dessen die Nucleinsäure-Ketten den Konstruktionsplan für die Aminosäure-Ketten, also den Eiweißmolekülen, in sich tragen.

Um für jede der 20 verschiedenen Aminosäuren eine Verschlüsselung mit Hilfe eines nur 4 Symbole (**A**, **C**, **G**, **T** bzw. **A**, **C**, **G**, **U**) enthaltenden Alphabets zu erreichen, müssen Kodewörter mit mindestens drei Symbolen eingesetzt werden. Denn erst bei drei Stellen erhält man als mögliche Anzahl mit $4^3 = 64$ eine über 20 gehende Anzahl möglicher Wörter. Von diesen 64 möglichen Wörtern, die jeweils durch ein Nucleinsäure-Triplett realisiert werden, treten 61 als Aminosäure-Kodewörter auf. Die meisten Aminosäuren werden durch mehr als ein Kodewort spezifiziert. Drei Kodewörter dienen als „Punkt“-Symbol und veranlassen bei der Synthese deren Abbruch.

Der gefundene Kode hat sich als universell für alle Organismen erwiesen.

Ein in diesem Kode gespeichertes Muster der Primärstruktur kann durch identische Reduplikation der **DNA** erneut aufgebaut werden: Durch Entspiralisierung wird die Doppelhelix von einem Ende her aufgetrennt. An den dabei entstehenden freien Strängen lagern sich durch Basenpaarung geeignete Nucleotide an, die nach Kopplung den neuen Strang bilden. Die Reihenfolge der Tripletts im neuen Strang ist durch die Reihenfolge der Tripletts im alten Strang bestimmt. Der neue Strang ist komplementär zum alten. Nach Beendigung der Reduplikation lösen sich die beiden neu gebildeten Stränge — sie sind zueinander ebenfalls komplementär — von der sie prägenden Struktur und vereinigen sich ebenfalls zu einer Doppelhelix, die in ihrer Struktur mit der alten identisch ist. Wie sich mittels Methoden der Molekularbiologie feststellen ließ, verläuft die Entspiralisierung mit etwa 1000 Umdrehungen pro Minute, die sukzessive Strangtrennung und die sich anschließende Biosynthese in etwa 1 bis 2 Minuten. Diese Zeit entspricht etwa der an Bakterienzellen beobachteten Verdopplungszeit.

Bei der Proteinsynthese muß ein „messenger" das in der **DNA** gespeicherte Muster übernehmen und in das Zellplasma zur Stätte der Eiweißproduktion übertragen. Zunächst findet ein der identischen Reduplikation ähnlicher Vorgang (Transkription) statt, nur daß dabei an die aufgetrennten Stränge der **DNA** **RNA**-Bausteine angelagert werden. (Dabei wird **A** nicht mit **T**, sondern mit **U** gepaart.)

Die entstehende **RNA**-Kette (m-**RNA**) ist komplementär zu der abgelesenen **DNA**-Kette. Nach Ablösung wandert die entstandene **RNA**-Kette „als Negativ" in das Zellplasma.

Bei einem komplizierten multikatalytischen Vorgang (Translation) lagern sich als Ribosomen bezeichnete zellulare Strukturen an die m-**RNA** an (Polysomenbildung). Enzymatisch erfolgt dann die Bildung der Peptidbindung zwischen zwei Aminosäuren, welche aus dem Zellplasma mittels t-**RNA** an das Ribosom transportiert wurden. Welche Aminosäuren aufeinanderfolgen, ist durch die m-**RNA**-Sequenz festgelegt, da m-**RNA** und t-**RNA** am Ribosom in Wechselwirkung treten. Die Aminosäuren lösen sich schließlich von der zur Prägung dienenden m-**RNA** und bilden dann als Positiv zu der in der **DNA** gespeicherten Information die Primärstruktur des dementsprechend aufgebauten Proteins.

Signale aus der Umwelt fließen dem Menschen durch seine Sinnesorgane zu. Eine in bestimmter, durch Erfahrungen bedingter Weise ausgerichtete Auswahl läßt Wahrnehmungen zustandekommen. Aus Wahrnehmungen werden wieder Erfahrungen gewonnen und gespeichert. Der gesamte Vorgang ist ein im Wechselspiel ablaufender sehr komplexer Verarbeitungsprozeß.

Die Empfangsorgane, die Rezeptoren, sind spezifisch für bestimmte Reize: Das Auge nimmt Lichtsignale auf, das Ohr Schallsignale; Berührungs-, Wärme- und Kältesignale werden von jeweils besonderen Rezeptoren in der Haut empfangen usw. Die Rezeptoren sind aber nicht nur Empfänger, sie fungieren zugleich als Wandler, indem sie die auftreffenden Signale in eine Form kodieren, die für eine Übertragung über die als Kanäle dienenden Nerven geeignet ist. Hier dient der Energiestrom als Signalträger der Informationsübertragung, wobei in einem Wechselspiel chemische Substanzen als materielle Träger eine Rolle spielen.

Das Nervensystem setzt sich aus einer Vielzahl von Neuronen zusammen. Jedes Neuron besteht aus dem Zellkern (Durchmesser 5 bis 100 μm), von dem neben zahlreichen kurzen Fortsätzen, den Dendriden (Durchmesser 2 bis 16 μm, Länge unter 1 mm) ein leitender bis über 1 m langer Fortsatz, das Axon, ausgeht. Dieses endet auf anderen Nervenzellen, auch Muskeln und Drüsen, ist aber mit diesen nicht fest verbunden. Ein in der Größenordnung 10 nm breiter Spalt, der Synapsenspalt, bleibt zwischen ihnen bestehen.

Die den Zellkern umgebende Membran aktiviert entgegen der Ionen-Diffusion einen Überschuß an Kalium-

Ionen, indem sie ständig gegen die Wirkung des Potentialgefälles Kalium-Ionen nach innen und Natrium-Ionen nach außen befördert. So hält sie im Innern ein Ruhepotential von —70 mV aufrecht.

Läuft in das Axon-Ende ein Impuls ein, so wird in der betreffenden Synapse ein bestimmter chemischer Stoff ausgeschieden. Nun gibt es zwei Arten von Synapsen, erregende und hemmende. Bei einer erregenden Synapse wird Acetylcholin ausgeschieden, und zwar rund eine halbe Million Moleküle. Dies führt zu einer Erhöhung der Ionen-Durchlässigkeit der Membran des der Synapse anliegenden Zellkerns. Daraus resultiert eine Depolarisation im Innern des Zellkerns; das Potential steigt auf positive Werte (+100 mV). Ein sehr intensiv wirkendes Enzym (Cholinesterase) baut in einer unter einer Millisekunde liegenden Zeit den Erregerstoff wieder ab. Damit klingt der Depolarisationsstoß wieder ab; der entstandene Impuls läuft mit einer für das betreffende Axon charakteristischen Geschwindigkeit (1 bis 160 m/s) durch das Axon. Nach Abklingen der Depolarisation, nach der Refraktärzeit, ist das Neuron wieder erneut empfangsbereit. Ein Schwellenwert hat zur Folge, daß der Vorgang nach dem Alles-oder-nichts-Prinzip abläuft. So entsteht eine Impulsfolge bei einem anstehenden Reiz. Im technischen Sinn liegt ein Impulsgenerator vor.

Die Kodierung der Reizintensität erfolgt auf der Basis einer Puls-Frequenz-Modulation: Während ein relativ schwacher Reiz erst nach vollem Abklingen der Erregung, also nach der vollen Refraktärzeit, einen neuen Impuls auszulösen vermag, wird bei einem stärkeren Reiz ein solcher zu einem Zeitpunkt entstehen können, zu dem die Schwelle noch nicht wieder auf den normalen Wert abgesunken ist. Die einzelnen Impulse folgen bei einer stärkeren Reizeinwirkung einander in kürzeren Zeitabständen. In dieser Weise wirken sich Intensitätsunterschiede auf die Frequenz aus.

Nun treten Neuronen im allgemeinen gebündelt als

Informationskanal auf. Dabei haben die einzelnen Neuronen mehr oder weniger unterschiedliche Schwellenwerte und auch unterschiedliche Übertragungsgeschwindigkeiten. Bei höherer Reizintensität wird die Anzahl der erregten Fasern größer sein, da jetzt Fasern angesprochen werden, die bei einer niedrigeren Intensität noch nicht erregt werden konnten. Infolge unterschiedlicher Übertragungsgeschwindigkeiten werden die in verschiedenen Fasern erzeugten Impulse in ihrem Lauf auseinandergezogen: Im Querschnitt des Gesamtkanals kommt eine höhere Frequenz der übertragenen Impulse zustande.

In diesem Zusammenhang sei noch das zuerst im Gehörvorgang entdeckte „Salvenprinzip“ erwähnt. Obwohl die einzelne Faser Impulse mit einer Folgefrequenz von höchstens 1000 Hz zu übertragen vermag, sind wir doch in der Lage, auch höhere Töne als solche wahrzunehmen. Die Bewältigung höherer Frequenzen wird durch Arbeitsteilung zwischen den Fasern des Bündels erreicht. Während die einzelne Faser nach Erregung durch einen Reizimpuls über ihre Refraktärzeit auf die nachfolgenden Reizimpulse nicht mehr anspricht, werden bei ausreichend großer Anzahl von Fasern im Bündel infolge einer statistischen Verteilung über die Zeit für jeden der weiteren Reizimpulse eine oder auch mehrere andere Fasern zur Erregung und Weiterleitung bereit sein. Im Gesamteffekt werden über den Kanal daher alle Reizimpulse übertragen. Zur Verbesserung der Informationsübertragung bedient sich die Natur eines als laterale Inhibition bezeichneten Prinzips. Die laterale Inhibition beruht auf der besonderen Struktur, daß benachbarte Rezeptoren mehr oder weniger durch seitliche Arme verbunden sind. Ein durch einen Reiz erregter Rezeptor hemmt dadurch benachbarte Rezeptoren, so daß eine Verstärkung der Kontraste eintritt, zeitlich konstante Reize abgeschwächt, zeitliche Änderungen dagegen verstärkt werden.

Wie Experimente zur Bildung bedingter Reflexe

und zur Lernfähigkeit zeigen, macht die Verhaltensweise organismischer Strukturen das Vorhandensein einer als „Gedächtnis" fungierenden Eigenschaft notwendig. Über die Art, wie eine solche Speicherung im Organismus zustande kommt, ist noch wenig bekannt. Es existieren mehrere theoretische Vorstellungen. Beim Menschen dürften zwei Arten von Speicherungen zu unterscheiden sein: Eine über eine relativ kurze Zeit wirkende Speicherung, die dem unmittelbaren Behalten eines Sinneseindrucks dient, man spricht von einem „Kurzzeitspeicher", und eine über längere Zeiten, evtl. über die ganze Lebenszeit dauernde Speicherung durch den „Langzeitspeicher". Für das Zustandekommen einer Kurzzeitspeicherung wurde auf dynamischer Basis eine „Umlauftheorie" vorgeschlagen, nach der Erregungen in Kreisen, die aus Neuronen aufgebaut sind, zirkulieren können bis sie evtl. an den Langzeitspeicher abgegeben werden. Es liegen aber Experimente vor, deren Ergebnisse nicht in jedem Fall durch diese Theorie zu erklären sind. Andere Vorstellungen gehen von einem statischen Aspekt aus und versuchen Speicherungsfähigkeit durch eine Plastizität der Strukturen zu erklären, sei dies durch eine Umstrukturierung im Nervennetz im Sinn einer Einprägung vielfach benutzter Bahnen, sei es auf molekularer Ebene durch Änderungen an den Proteinen.

Anatomische Erkenntnisse weisen darauf hin, daß die Speicherung einer Information nicht streng lokalisiert vorliegen dürfte. Möglicherweise liegt hier ein Effekt vor, der der in der Optik als Holographie bekannten Erscheinung analog ist. Bringt man die an einem mit Laserstrahlen beleuchteten Objekt gebeugte Welle mit einer aus der ursprünglichen Welle ausgeblendeten Referenzwelle zur Interferenz, so enthält das dabei auf einer Photoplatte aufgenommene Interferenzmuster Informationen über das Objekt. Diese sind so über das ganze Muster verteilt, daß man auch aus einem Teilstück der Platte noch ein vollständiges Bild des Objekts zu gewinnen vermag.

Bei der Informationsübertragung spielen mannigfaltige Verknüpfungsvorgänge eine wesentliche Rolle. Man kann diese als ein „Rechnen“ mit Informationen auffassen. Wird beispielsweise ein postsynaptisches Neuron durch das Zusammenwirken mehrerer Impulse über erregende und hemmende Synapsen zur Erregung gebracht, so kann man hierin Vorgänge sehen, die analog zu Additionen und Subtraktionen verlaufen. Aber auch höhere mathematische Operationen lassen ihr Analogon in organismischen Vorgängen finden. Hier sei nur auf Experimente über optomotorische Reaktionen von Käfern hingewiesen, die von B. Hassenstein und W. Reichardt [10] ausgeführt wurden und durch eine Modellvorstellung mathematisch simuliert werden konnten, in der die auf benachbarte Fazetten des Käferauges treffenden Reize (Helligkeitszunahme und Helligkeitsabnahme) nach Vorzeichen und Betrag multiplikativ verknüpft werden.

12. Algorithmen und formale Sprachen

Eine Beschreibung eines Verfahrens, nach der das Ergebnis ermittelt werden kann, wird als *Algorithmus* bezeichnet, wenn es einerseits soweit präzisiert ist, daß bei der Ausführung keine Willkür in wesentlichen Punkten auftreten kann, andererseits aber so allgemein ist, daß es auf eine ganze Problemklasse anwendbar ist. Der usbekische Mathematiker Ben Musa Al-Chwarizmi gab im 9. Jahrhundert das erste arabische Buch über Algebra heraus, in dem Regeln für die Durchführung gewisser algebraischer Verfahren enthalten waren. Durch Verschmelzung mit dem griechischen Wort arithmos (= Zahl) entstand der Name Algorithmus für solche Regeln. Hatte dieser Begriff zunächst nur Bedeutung für rein numerische Verfahren, so wurde er im Lauf der

Entwicklung allgemein auf Angaben ausgedehnt, die den Ablauf eines Prozesses exakt beschreiben.

Der Begriff Algorithmus ist zunächst intuitiver Art. Um ihn zu präzisieren, muß man sich eines formalen Systems bedienen und Daten und Algorithmen in einer formalen Sprache darstellen. Eine formale Sprache ist eine Menge von Zeichenfolgen, die über einem Alphabet auf Grund syntaktischer Regeln gebildet sind, wobei eine Semantik diesen eine Bedeutung in Form von Algorithmen zuweist. Ein bestimmter Algorithmus beschreibt den Lösungsweg für eine abgegrenzte Klasse von Problemstellungen. In vielen Fällen gelingt es, aus speziellen Algorithmen umfassendere zu bilden. Es hat Zeiten gegeben, zu denen man auf Grund der erreichten Erfolge glaubte, erwarten zu dürfen, letzthin einen universellen Algorithmus gewinnen zu können, der die Lösung aller mathematischen Probleme bietet. In der Folgezeit stieß man aber immer wieder auf Probleme, die zahlreichen Lösungsversuchen trotzten. Daraus resultierte schließlich die skeptische Fragestellung, ob es evtl. mathematische Problemstellungen gäbe, die prinzipiell nicht mit den Methoden der numerischen Mathematik behandelt werden könnten.

Nun läßt sich jede Information durch geeignete Kodierung mittels Zahlen darstellen. Daher kann man jede Informationsverarbeitung im Sinn einer Berechnung der resultierenden Information aus der Anfangsinformation auffassen. Aus diesem Aspekt heraus führt die Forderung zur Präzisierung des Algorithmenbegriffs zu der Frage nach der Berechenbarkeit.

Die verschiedenen vorgeschlagenen Präzisierungen gehen nun von sehr unterschiedlichen Vorstellungen aus. Der klassischen mathematischen Vorstellung am nächsten kommt die Präzisierung auf der Basis rekursiver Funktionen (A. Church 1936); eine besonders für Wortprobleme geeignete Fassung liegt im Normalalgorithmus (Markow) vor. Den Vorstellungen der modernen Rechentechnik und Automatentheorie entspricht am besten die von TURING vorgeschlagene Präzisierung durch ein anschaulich als TURING-*Maschine* interpretierbares mathematisches Schema [11].

Zwei abstrakte Automaten, von denen der eine endlich, der andere potentiell unendlich ist, werden gegenseitig so verkoppelt, daß der Output jedes Automaten als vollständiger Input des anderen Automaten fungiert. Das in dieser Weise gebildete System ist abgeschlossen, ist ein autonomer Automat (Abb. 12.1).

Der eine Automat ist ein MEALY-Automat: Sein Output hängt dann von seinem Zustand und dem anstehenden Input ab. Überführungsfunktion und Ergebnisfunktion lassen sich durch eine vierspaltige Tabelle erfassen. Man spricht in diesem Zusammenhang von einer TURING-*Tafel.*

Beispiel einer TURING-Tafel:

Zustand	Input	Folgezustand	Output
0	*	0	r
0	|	1	r
1	*	2	|
1	|	1	r
2	*	...	...
2	|	2	s

Als Outputwerte können Symbole des Inputalphabets auftreten oder die Sonderzeichen

$$\longleftarrow \quad \text{stop} \quad \longrightarrow$$

Der zweite Automat ist vom MOORE-Typ: Sein Output hängt nur von dem jeweiligen Zustand ab.

Dabei wird sein Zustand durch den Inhalt des ihm eigenen endlichen linearen Speichers repräsentiert. Technisch interpretiert liegt der Speicher als ein beliebig verlängerbares Magnetband vor. In jeder Zelle des Bandes steht ein Symbol aus dem Inputsymbol des anderen Automaten. In diesem Inputalphabet ist auch das leere

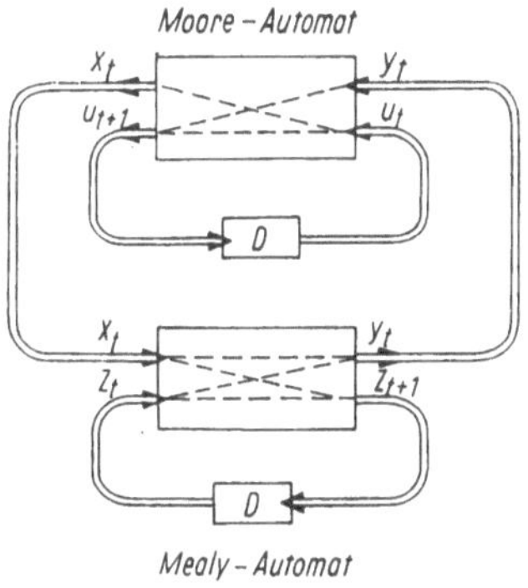

Abb. 12.1. Schema einer TURING-Maschine

Symbol enthalten. Das Symbol in *einer* Zelle trägt noch eine Markierung. Diese Marke simuliert die Stellung eines über dem Band zellenweise verschiebbaren Lese-Schreib-Kopfs.

Als Output tritt das in der markierten Zelle stehende Symbol aus. Ist das als Input in den MOORE-Automaten einlaufende Symbol kein Sonderzeichen, so wird das in der markierten Zelle stehende Symbol durch das anstehende Inputsymbol ersetzt, überschrieben. Läuft dagegen ein Sonderzeichen ← oder → ein, so wird die Markierung auf dem Band um eine Zelle nach links bzw. nach rechts verschoben; technisch bedeutet dies eine entsprechende relative Verschiebung des Magnetkopfs zum Band. Bei einlaufendem stop-Sonderzeichen bleibt der Zustand, also die Bandinschrift, unverändert. Es tritt wieder dasselbe Symbol aus wie zuvor; der andere Automat verbleibt damit ebenfalls in seinem vorigen Zustand und liefert auch wieder das vorige stop-Sonderzeichen in den MOORE-Automaten. Das stop-Sonderzeichen hat somit zur Folge, daß sich nichts mehr in dem System verändert; das System hat einen Endzustand erreicht, man spricht von einer *Endkonfiguration.*

Die durch das obige Beispiel einer TURING-Tafel definierte einfache TURING-Maschine arbeitet wie folgt:

Das Alphabet besteht aus nur einem Zeichen |.

* ist das leere Symbol.
r bedeutet Rechts-Verschiebung,
l ,, Links-Verschiebung und
s ,, stop.

Setzt man die Maschine links vor ein Wort oder auch auf das Wort an, so läuft sie nach rechts bis hinter das Wort, fügt hier ein weiteres |-Symbol an und bleibt dann auf diesem Feld stehen. (Die 5. Zeile der TURING-Tafel ist ohne Bedeutung.)

Der Begriff Konfiguration dient dazu, den Ablauf des Systems formalisieren zu können. Als Konfiguration der TURING-Maschine wird das geordnete Tripel (x, J, z) eingeführt. Darin ist x eine ganze Zahl, die als Feldnummer die markierte Zelle des Bandes kennzeichnet, also die jeweilige Stellung des Magnetkopfes angibt, J ist die Bandinschrift und somit der Zustand des MOORE-Automaten und z ist der Zustand des MEALY-Automaten. Mit $J(x)$ werde das Symbol bezeichnet, das in der der Feldnummer x entsprechenden Zelle des Bandes steht.

Endkonfiguration ist eine Konfiguration, wenn in der TURING-Tafel zu dem Wert z in der ersten Spalte (= Zustand des MEALY-Automaten) und dem Wert $J(x)$ in der zweiten Spalte (= markiertes Symbol; dies wird vom MOORE-Automaten ausgegeben und steht als Input des MEALY-Automaten an) als Output das Sonderzeichen stop in der vierten Spalte steht.

Ist eine Konfiguration nicht Endkonfiguration, so

geht sie im nächsten Schritt in ihre Folgekonfiguration über:

Zu der Konfiguration $K = (x, J, z)$ ist $K' = (x', J', z')$ Folgekonfiguration mit

$$x' = \begin{cases} x - 1, \text{ wenn } \leftarrow \\ x + 1, \text{ wenn } \rightarrow \end{cases} \text{ in der 4. Spalte der TURING-Tafel zu } (z, J(x)) \text{ steht,}$$
$$\quad x \quad \text{sonst;}$$

$$J'(u) = \begin{cases} a_i \text{ für } u = x, & \text{wenn } a_i \text{ in der 4. Spalte der TURING-Tafel zu } (z, J(x)) \text{ steht,} \\ J(u) \quad \text{sonst.} & \end{cases}$$

Eine Funktion heißt TURING-*berechenbar*, wenn es eine TURING-Tafel gibt, die folgendes leistet:

Ausgang bildet eine Anfangskonfiguration: Die Bandinschrift charakterisiert das Argumenten-Tupel der betreffenden Funktion auf dem sonst leeren Band.

Das autonome System erreicht eine Endkonfiguration nach einer endlichen Folge von Konfigurationen, wobei die resultierende Bandinschrift in einer zu der erreichten Feldnummer in fester Beziehung stehenden Anordnung eindeutige Angaben über den Funktionswert enthält, der zu dem in der Anfangskonfiguration stehenden Argumenten-Tupel gehört.

Ein wesentliches Ergebnis theoretischer Untersuchungen ist die Feststellung, daß die auf der Basis unterschiedlicher Vorstellungen vorgeschlagenen Präzisierungen zum Begriff des Algorithmus gleichwertig sind. Im allgemeinen bietet sich bei diesen Betrachtungen die TURING-Maschine als vermittelnde Begriffsbildung an.

Nun wird die Arbeitsweise einer TURING-Maschine und damit der durch sie realisierbare Algorithmus durch die betreffende TURING-Tafel bestimmt. Man beachte, daß die TURING-Tafel aber nicht auswechselbar ist, daß sie vielmehr die „Konstruktionsunterlage" der betreffenden speziellen TURING-Maschine ist. Eine wichtige Frage ist, ob es unter allen möglichen TURING-

Maschinen eine gibt, die jede andere spezielle TURING-Maschine zu simulieren vermag, wenn man auf ihrem Band Angaben über die zu simulierende Maschine macht. Es konnte ein mathematisch formalisierter Beweis erbracht werden, daß dies tatsächlich der Fall ist. Die TURING-Maschine, die dies leistet, hat den Charakter einer Universal-Maschine; sie realisiert einen universellen Algorithmus, obwohl sie selbst infolge ihrer „fest eingebauten" Tafel eine spezielle Maschine ist und demzufolge nur einen einzigen Algorithmus ausführen kann, eben den Universal-Algorithmus.

Damit tritt nun die andere Frage auf, ob mit dem Algorithmen-Begriff ein universelles Mittel zur Verfügung steht, das zur Lösung aller mathematischen Probleme dienen kann.

Das folgende Beispiel zeigt, daß dies nicht der Fall ist. Betrachtet werde die Menge aller Funktionen einer Variablen, die sich im Bereich der natürlichen Zahlen definieren lassen. Diese Menge ist, wie nun gezeigt wird, nicht abzählbar, d. h., die einzelnen Funktionen dieser Menge lassen sich nicht durchnumerieren.

Wäre die Menge dieser Funktionen abzählbar, dann müßten sie sich in einer Tabelle in einer linearen Folge anordnen lassen.

Jede der Funktionen läßt sich durch Angabe der Werte charakterisieren, die sie an den Argumentstellen

$$x = 0, 1, 2, 3, \cdots$$

annimmt. Die folgende Tabelle müßte demzufolge alle einstelligen Funktionen (= Funktionen einer Variablen) erfassen (s. Tab. S. 145).

Man greife nun die auf der Diagonale der Tafel stehenden Funktionswerte heraus und definiere die folgende einstellige Funktion:

$$g(x) = f_x(x) + 1\,.$$

Diese Funktion unterscheidet sich von jeder in der

Nummer der Funktion	Argument 0	1	2	3	4		k	
0	$f_0(0)$	$f_0(1)$	$f_0(2)$	$f_0(3)$	$f_0(4)$	···	$f_0(k)$	···
1	$f_1(0)$	$f_1(1)$	$f_1(2)$	$f_1(3)$	$f_1(4)$		$f_1(k)$	
2	$f_2(0)$	$f_2(1)$	$f_2(2)$	$f_2(3)$	$f_2(4)$		$f_2(k)$	
3	$f_3(0)$	$f_3(1)$	$f_3(2)$	$f_3(3)$	$f_3(4)$		$f_3(k)$	
⋮								
k	$f_k(0)$	$f_k(1)$	$f_k(2)$	$f_k(3)$	$f_k(4)$		$f_k(k)$	
⋮								

Tabelle enthaltenen Funktion, da sie sich an mindestens einer Argumentstelle von dieser unterscheidet. Vergleicht man sie nämlich z. B. mit der unter der Nummer k in der Tabelle erfaßten Funktion $f_k(x)$, so hat diese für das Argument $x = k$ den Wert $f_k(k)$, während die Funktion $g(x)$ nach Definition an der gleichen Argumentstelle den Wert $f_k(k) + 1$ aufweist.

Da diese Feststellung für jede Nummer k der Tafel gilt, gibt es in dieser keine mit $g(x)$ identische Funktion. Die Menge der einstelligen Funktion, die im Bereich der natürlichen Zahlen definiert sind, kann daher nicht abzählbar sein.

Andererseits ist die Menge der berechenbaren Funktionen abzählbar. Zu jeder berechenbaren Funktion gibt es eine TURING-Maschine, die diese Berechnung durchführt. Die TURING-Maschine wiederum wird durch ihre TURING-Tafel eindeutig bestimmt. Die Menge der TURING-Tafeln läßt sich aber durchnumerieren, ist abzählbar: Man ordnet die Tafeln erst nach der Anzahl ihrer Zeilen, die sie enthalten, und danach lexikographisch.

Damit kann man zeigen, daß es einstellige Funktionen gibt, die nicht berechenbar sind.

Mit der Präzisierung des Begriffs Berechenbarkeit ist auch die Präzisierung des Begriffs Entscheidbarkeit gewonnen.

Die Frage, ob ein Element einer Menge M_1 auch Element der Menge M_2 ist, bedeutet: Gibt es einen abbrechenden Algorithmus, der dies zu entscheiden vermag. Diese Entscheidung läßt sich mit Hilfe einer bestimmten Funktion, man spricht von der *charakteristischen Funktion*, auf der Basis einer Berechnung erreichen. Man führt als charakteristische Funktion $\varphi(x)$ ein:

$$\varphi(x) = \begin{cases} 0, \text{ wenn } x \text{ Element von } M_2 \text{ ist,} \\ 1, \text{ wenn } x \text{ kein Element von } M_2 \text{ ist.} \end{cases}$$

Die Aussage „M_2 ist relativ M_1 entscheidbar (bzw. nicht entscheidbar)" ist dann gleichwertig mit der Aussage „$\varphi(x)$ ist berechenbar (bzw. nicht berechenbar)".

Diese Betrachtungen zu der Bedeutung der klassischen Algorithmenbegriffe werden hier mit der Feststellung abgeschlossen: Da es nichtberechenbare Funktionen gibt, existieren auch nichtentscheidbare Problemstellungen.

Für praktische Belange sind die klassischen Algorithmenbegriffe infolge der ihnen eigenen Schwerfälligkeit ungeeignet. Sowohl die Form der Informationsdarstellung als auch die Mittel zu ihrer Verarbeitung über eine Folge extrem elementarer Prozeßschritte läßt keine Anpassung an die Besonderheiten spezieller Aufgabenstellungen zu. So ist die Universal-TURING-Maschine zwar der theoretische Prototyp des universellen Rechenautomaten, die Entwicklung programmgesteuerter Rechenautomaten wurde aber keineswegs von der TURING-Maschine oder einem anderen klassischen Algorithmenbegriff veranlaßt oder auch nur beeinflußt.

Eine den praktischen Belangen gerecht werdende Präzisierung des Algorithmenbegriffs bieten die *Operator-Algorithmen.* Hier kommt wieder das hierarchische Prinzip zum Tragen: Algorithmen werden aus Unteralgorithmen — sie werden als Operatoren bezeichnet — aufgebaut, wobei diese u. U. sehr komplizierte Unteralgorithmen elementarer Prozesse unter dem Aspekt des betreffenden Aufgabengebiets sind.

Jeweils dem anstehenden Arbeitsgebiet zugeordnet

läßt sich eine Klasse von Algorithmen durch die Angabe zweier Mengen definieren, durch die Menge der Variablen mit den Bereichen, aus denen ihnen Werte zugeordnet werden können, und durch die Menge der Operatoren, die an den Variablen ausgeführt werden können.

Nun erfordert die Realisierung des Informations-Verarbeitungs-Prozesses die Möglichkeit, Daten und Vorschriften zu ihrer Verarbeitung speichern zu können. Die entsprechenden Speicher werden dabei in Zellen unterteilt, die eine gewisse Struktur aufweisen. Dabei besteht eine Anologie zwischen dem Begriff der Zelle und dem Variablen-Begriff der Mathematik.

Variable	**Zelle**
Wert, den die Variable als Belegung erhält	**Inhalt,** der in der Zelle steht
Variablen-Symbol zur Identifizierung der betreffenden Variablen	**Adresse** der Zelle

Die Variablen lassen sich nach der Art der Bereiche, aus denen sie belegt werden können, drei Klassen zuweisen:

Datenvariable können mit den zu verarbeitenden Informationen belegt werden.

Operatorvariable können mit Operatoren belegt werden; das sind Wertzuweisungen mittels ein- oder mehrstelliger Operatoren.

Adressenvariable können mit jeder Art von Variablen belegt werden.

Eine Adressenvariable ist ausgezeichnet. Sie entspricht in der oben angeführten Analogie der Zelle „Befehlszähler". Sie bestimmt durch ihre initiale Belegung den Start des Prozesses. Da nun die Belegung jeder Operatorvariablen auch eine Wertzuweisung für die ausgezeichnete Adressenvariable enthält, wird der weitere Prozeßablauf bestimmt. Eine solche Angabe wird überflüssig, wenn man vereinbart, daß im allgemeinen der adressenmäßig nachstehende Operator folgt. Dann macht sich ein besonderer Operator in der Bedeutung eines „Sprungbefehls“ notwendig, der u. U. noch an eine Bedingung bezüglich gewisser Informationen geknüpft sein kann.

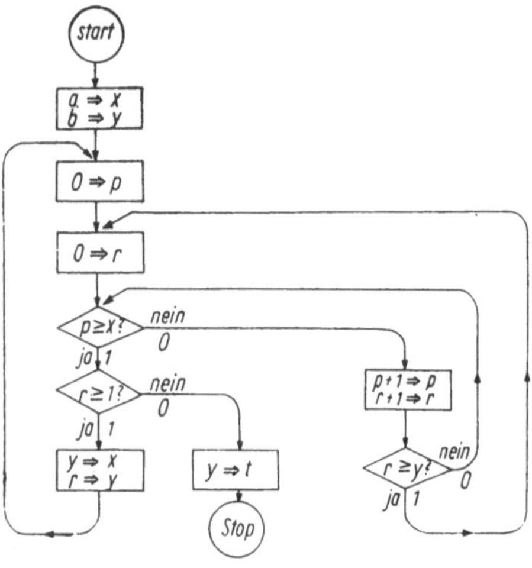

Abb. 12.2. Flußdiagramm für einen Algorithmus zur Bildung des größten gemeinschaftlichen Teilers zweier Zahlen

Bei der TURING-Maschine ist jeder Schritt an eine Bedingung geknüpft, nämlich an das auf dem Band unter dem Magnetkopf stehende Symbol, das als Input in den MEALY-Automaten einläuft und hier zusammen mit dem Zustand über die anzuwendende Zeile der TURING-Tafel den nächsten „Befehl“ bestimmt. Praktische Aufgabenstellungen fordern, den Ablauf auf der Basis komplexer Bedingungen stellen zu können. Dies wird durch die Bereitstellung entsprechend komplizierter Testoperatoren ermöglicht. Eine relativ einfache Form ergibt sich, wenn man „bedingte Sprungbefehle“ so einführt, daß eine positiv ausgehende Testoperation zu der normalen Fortsetzung führt, eine negativ ausgehende dagegen zu der dem Sprungbefehl beigefügten Fortsetzungsadresse.

Die Freiheit, eine Adressenvariable selbst wieder mit einer Adressenvariablen belegen zu können, bietet die Möglichkeit, eine Wertzuweisung auf verschiedenen Stufen zu formulieren, nämlich direkt oder über die Angabe der Adresse oder über die Angabe der Adresse von der Adresse usw. Von diesen Möglichkeiten machen moderne Programmiersprachen vielfach Gebrauch.

Eine anschaulische Darstellung eines Algorithmus läßt sich durch ein Flußdiagramm gewinnen. Die Operationen werden dabei durch entsprechende Inschriften in Kästchen für Anweisungen □ und ◇ für Testoperationen angegeben. Die Ablauffolge wird durch Verbindungslinien festgelegt, wobei von einer Testoperation je eine Linie für das positive bzw. negative Testergebnis vorzusehen ist.

Abb. 12.2 gibt als Beispiel das Flußdiagramm für einen Algorithmus zur Bildung des größten gemeinschaftlichen Teilers zweier Zahlen.

Eine formale Sprache, die der Beschreibung eines Algorithmus dient, wird als *algorithmische Sprache* bezeichnet; ist sie für die Realisierung des betreffenden Prozesses in einem Datenverarbeitungssystem bestimmt, spricht man von einer *Programmiersprache*.

Damit ein Datenverarbeitungssystem eine Aufgabe durchführen kann, muß der zugehörige Algorithmus in einer Form dargeboten werden, die hinsichtlich der Datendarstellung und der auszuführenden Operationen der Maschine angepaßt ist. Man spricht von einem *Maschinenprogramm*. In der ersten Zeit war man darauf angewiesen, alle Aufgaben, die von einer Datenverarbeitungsanlage bearbeitet werden sollten, in einer dem jeweiligen Maschinentyp angepaßten Maschinensprache zu programmieren. Erst später verstand man es, maschinenunabhängige und der menschlichen Denk- und Arbeitsweise angepaßte höhere Programmiersprachen zu schaffen, die obendrein den Gegebenheiten spezieller Fachsprachen Rechnung tragen können. Eine solche problemorientierte Programmiersprache ermöglicht es, den Lösungsweg im Rahmen der dem Fachgebiet eigenen Sprache zu formulieren. Die dann erforderliche Übersetzung in die geeignete Maschinensprache kann automatisch über ein für den betreffenden Maschinentyp angefertigtes Übersetzungsprogramm angefertigt werden.

Nun ist die Übersetzung einer problemorientierten Sprache in eine Maschinensprache eine Abbildung von Zeichenketten der Ursprungssprache in Zeichenketten der Zielsprache, wobei die Bedeutung der Ketten, die Semantik, erhalten bleiben muß.

Allgemein besteht eine Programmiersprache aus der Syntax, die die Sprache als Untermenge aus der Menge aller über einem Alphabet zu bildenden Zeichenfolgen („Wörter") definiert, und aus der Semantik, die einer syntaktisch zulässigen Zeichenfolge die Bedeutung eines Programms verleiht.

Bei der Übersetzung sind demzufolge zwei Vorgänge anzutreffen: Es sind die Zeichenketten der Ursprungssprache als eine Folge syntaktisch zulässiger Zeichenketten zu erkennen und diesen sodann semantisch äquivalente Zeichenketten der Zielsprache zuzuordnen.

Ist die Ursprungssprache schon maschinenorientiert und ist die Übersetzung durch einfache Umbenennungen symbolischer Operationsschlüssel und symbolischer Adressen in echte möglich, so bezeichnet man das Übersetzungsprogramm als *Assemblierer.* Problemorientierte Sprachen haben dagegen eine wesentlich kompliziertere Struktur als Maschinensprachen. In diesem Fall ist zu einer Zeichenkette des Ursprungsprogramms zunächst die syntaktische Beschreibung aufzubauen und auf syntaktische Zulässigkeit zu prüfen. Daran schließt sich die Konstruktion einer dazu semantisch äquivalenten

Zeichenkette der Zielsprache an. Das erforderliche Übersetzungsprogramm bezeichnet man als *Kompiler*.

Zur Darstellung des syntaktischen Aufbaus einer problemorientierten Sprache sind mehrere Verfahren vorgeschlagen worden. Hier seien nur zwei angeführt.

Bei der BACKUS-NAUR-*Form* werden syntaktische Variable durch Einschluß in gewinkelte Klammern ⟨⟩ gekennzeichnet und als Abkürzungen für syntaktisch

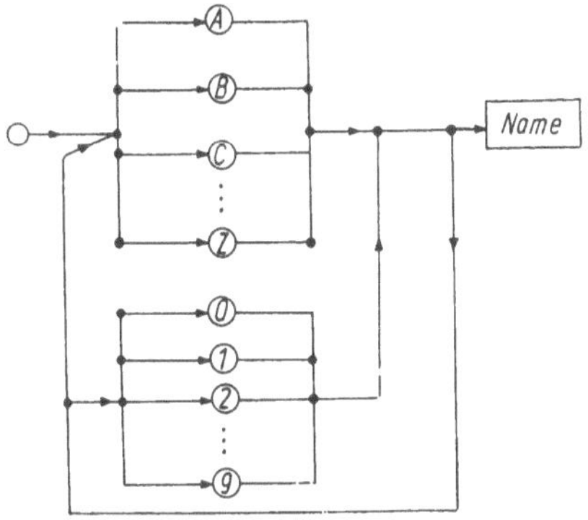

Abb. 12.3. Syntaxdiagramm: Beispiel aus ALGOL 60

zulässige Zeichenfolgen verwendet. Eine links vor dem Zeichen : = stehende syntaktische Variable wird durch die rechts von dem Zeichen stehende Zeichenfolge definiert. Das Zeichen | ermöglicht Alternative bei einer solchen Definition.

Beispiel aus ALGOL 60:

⟨Name⟩: = ⟨Buchstabe⟩ | ⟨Name⟩ ⟨Buchstabe⟩ | ⟨Name⟩ ⟨Ziffer⟩

⟨Buchstabe⟩: = $A \mid B \mid C \mid D \mid \cdots \mid Z$

⟨Ziffer⟩: = $0 \mid 1 \mid 2 \mid 3 \mid \cdots \mid 9$

Bei der Darstellung durch ein dynamisches *Syntaxdiagramm* wird die definierende Regel als Baum gezeichnet, wobei die syntaktische Variable die Wurzel ist (Abb. 12.3).

In der Theorie formaler Sprachen pflegt man diese wie folgt zu definieren. Man geht von einem Alphabet aus, das zwei Arten von Zeichen enthält, syntaktische Variable und Terminalzeichen. Sodann liegen Produktionsregeln vor, die angeben, wie syntaktische Variable evtl. in Abhängigkeit der Zeichen, mit denen sie in einem Text auftreten, durch bestimmte Zeichenfolgen zu ersetzen sind. Ausgehend von einem initialen Wort wird die Menge all der Wörter gebildet, die sich durch sukzessive Anwendung der Produktionsregeln ableiten lassen. Daraus werden all die Wörter ausgewählt, die nur Terminalzeichen enthalten. Sie bilden die betreffende formale Sprache.

Haben die Produktionsregeln die Eigenschaft, daß sie den syntaktischen Variablen unabhängig von der Umgebung, in der sie auftreten, Wörter zuweisen, so liegt eine *kontextfreie Sprache* vor. Die in der BACKUS-NAUR-Form darstellbaren Sprachen sind äquivalent zu den kontextfreien Sprachen.

Beispiel: Über dem Alphabet n, b, z, A, B, $C, \cdots$, Z, o, 1, 2, $\cdots$, 9 mit n, b, z als syntaktische Variable werde eine kontextfreie Sprache durch die Produktionsregeln

$$n \to b$$
$$n \to nb$$
$$n \to nz$$

$$b \to A$$
$$b \to B$$
$$b \to C$$
$$\cdot$$
$$\cdot$$
$$\cdot$$
$$b \to Z$$

$$z \to 0$$
$$z \to 1$$

$$z \to 2$$

$$\vdots$$

$$z \to 9$$

und dem initialen Wort n definiert.

Die so definierte kontextfreie Sprache besteht aus allen Wörtern über den Terminalzeichen $A, B, C, \cdots, Z, 0, 1, 2, \cdots, 9$, die mit einem Buchstaben beginnen. Gerade diese Wortmenge wird aber auch durch die im vorigen Beispiel angeführte BACKUS-NAUR-Form definiert.

In der Automatentheorie wird gezeigt, daß es zu jeder kontextfreien Sprache einen Automaten gibt, der syntaktisch zulässige Zeichenfolgen als solche erkennt, d. h., der bei Einlaufen einer Zeichenfolge dann und nur dann in den „Akzeptierungs-Zustand" einläuft, wenn die Zeichenfolge syntaktisch zulässig ist. Die zu einem solchen Verhalten geeigneten Automaten sind die sogenannten *Kellerautomaten*. Sie besitzen einen als „Abstellgleis" dienenden Speicher, in dem eingelaufene Zeichen, die noch nicht interpretierbar sind, zurückgestellt werden, bis sie nach erfolgter Klärung durch später einlaufende Zeichen interpretiert werden können. Aus einem solchen Speicher kann jeweils nur das „oben" anstehende, also zuletzt eingelaufene Zeichen entnommen werden. Daher spricht man von einem „Keller", auch von einem LIFO-Speicher (last in, first out). Über die Struktur eines die betreffende Sprache erkennenden Automaten ist es dann möglich, einen für die Übersetzung geeigneten Kompiler aufzustellen.

In den letzten Jahren hat ein anderer Typ von formalen Sprachen Interesse im Rahmen der Kybernetik gefunden. Es sind dies die 1968 von A. LINDENMAYER aus biologischem Aspekt vorgeschlagenen mathematischen Modelle für die Entwicklung faserförmiger Zellstrukturen [12]. Diese als L-Systeme in die Literatur eingegangenen Systeme sind dadurch gekennzeichnet, daß die Produktionsregeln auf alle Zeichen eines Wortes parallel angewendet werden. Im kontextfreien Fall spricht man von einem OL-System. Existiert für jedes Zeichen nur *eine* Produktionsregel, so ist der Ableitungsprozeß nach

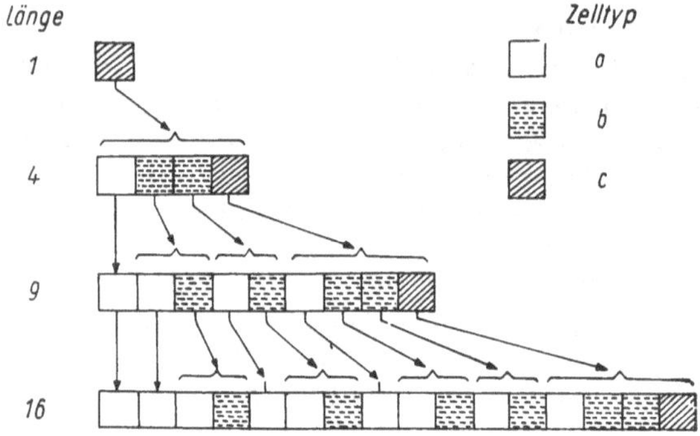

Abb. 12.4. Entwicklung einer Faserstruktur, die durch das im Text angeführte LINDENMAYER-System beschrieben wird

Vereinbarung eines initialen Worts (Axiom) determiniert. Ein solches determiniertes kontextfreies LINDENMAYER-System (DOL-System) erzeugt eine lineare Folge ableitbarer Wörter. Diese bilden eine DOL-Sprache.

Beispiel: Es seien $\{a, b, c\}$ das Alphabet, wobei alle Zeichen Terminalzeichen sind,

$$a \to a$$
$$b \to ab$$
$$c \to abbc$$

die Produktionsregeln eines DOL-Systems.

Mit dem initialen Wort c resultieren als die ersten daraus ableitbaren Wörter

$$c,\ abbc,\ aaaabbbbc,\ aaaaaaaaabbbbbbc,\ \ldots$$

bzw. in abgekürzter Schreibweise

$$c,\ ab^2c,\ a^4b^4c,\ a^9b^6c,\ \ldots .$$

Interpretiert man die einzelnen Zeichen des Alphabets als verschiedene Zellen, wobei Zellen mit verschiedenen inneren Zuständen als verschiedene Buchstaben geschrieben werden, so moduliert die DOL-Sprache eine sich entwickelnde Struktur, die aus dem initialen Gebilde durch das schrittweise den einzelnen Zellen dem jeweiligen Zustand entsprechende eigene Wachstum entsteht (Abb. 12.4).

Von besonderem Interesse ist das Längenwachstum einer solchen Faserstruktur. Da die Produktionsregeln eines DOL-Systems kontexfrei sind, spielt für das Längenwachstum die jeweilige Lage einer Zelle keine Rolle.

Die Länge eines Wortes bestimmt sich allein daraus, wie oft die einzelnen Zellzustände im vorhergehenden Wort vertreten sind. Im obigen Beispiel sollen α, β, γ angeben, wieviele Zellen vom Zustand a bzw. b bzw. c in einem Wort auftreten. Die Länge dieses Wortes ist dann durch

$$L = \alpha + \beta + \gamma$$

gegeben. Das nachfolgende Wort werde entsprechend durch

$$\alpha', \beta', \gamma' \text{ und } L'$$

gekennzeichnet. Aus den Produktionsregeln ergibt sich sofort

$$\alpha' = \alpha + \beta + \gamma$$

$$\beta' = \beta + 2\gamma$$

$$\gamma' = \gamma.$$

Dies führt zu

$$L' = \alpha' + \beta' + \gamma' = \alpha + 2\beta + 4\gamma$$

und weiter zu

$$L'' = \alpha' + 2\beta' + 4\gamma' = \alpha + 3\beta + 9\gamma$$

und

$$L''' = \alpha' + 3\beta' + 9\gamma' = \alpha + 4\beta + 16\gamma .$$

Aus den vier Gleichungen für L, L', L'', L''' erhält man durch Elimination der α, β, γ

$$L''' - 3L'' + 3L' - L = 0 .$$

Führt man mit t als Schrittzahl des Ableitungsprozesses $f(t)$ als Wachstumsfunktion ein, so ergibt sich für sie die folgende Differenzengleichung

$$f(t+3) - 3f(t+2) + 3f(t+1) - f(t) = 0 .$$

Die dazu gehörige charakteristische Gleichung

$$\lambda^3 - 3\lambda^2 + 3\lambda - 1 = 0 ,$$

d. h.
$$(\lambda - 1)^3 = 0$$

besitzt $\lambda = 1$ als dreifache Lösung. Aus der Theorie der Differenzengleichungen folgt daraus, daß die Lösung der obigen Differenzengleichung eine Funktion 2. Grades ist. Die speziellen Anfangswerte

$$f(0) = 1 , \quad f(1) = 4 , \quad f(2) = 9$$

liefern als Wachstumsfunktion des obigen DOL-Systems

$$f(t) = (t + 1)^2 .$$

Allgemein ergibt sich aus den Produktionsregeln eines DOL-Systems, daß das stärkste Wachstum dann erreicht wird, wenn in den Produktionsregeln alle Symbole sich gleichstark vermehren. Dies führt zu einem exponentiellen Wachstum. Aus der Theorie der Differenzengleichungen ergibt sich, daß die Wachstumsfunktion eines DOL-Systems polynomial, exponentiell oder gemischt sein kann.

Es werde hier noch ein Beispiel gegeben, das zu einer exponentiellen Wachstumsfunktion führt; zugleich werde das allgemeine Analyse-Verfahren skizziert.

Beispiel: Alphabet: $\{a, b\}$

Produktionsregeln: $\{a \to b, b \to ab\}$

Axiom: a.

Die zugehörige DOL-Sprache beginnt mit

$$a, b, ab, ab^2, a^2b^3, a^3b^5, \ldots .$$

Als Wortlängen ergeben sich

$$1, 1, 2, 3, 5, 8, \ldots,$$

die als Fibonaccische Zahlen bekannte Folge.

Die Produktionsregeln lassen sich durch eine Matrix charakterisieren:

$$\begin{pmatrix} 0 & 1 \\ 1 & 1 \end{pmatrix}.$$

Als quadratische Matrix genügt diese nach dem Caley-Hamiltonschen Theorem ihrer eigenen charakteristischen Gleichung. Wird mit λ der Eigenwert der Matrix bezeichnet, so ist die charakteristische Gleichung durch

$$\begin{vmatrix} 0 - \lambda & 1 \\ 1 & 1 - \lambda \end{vmatrix} = 0$$

gegeben. Die Auszeichnung führt zu $\lambda^2 - \lambda - 1 = 0$.

Die entsprechende Differenzengleichung

$$f(t + 2) - f(t + 1) - f(t) = 0$$

läßt das Bildungsgesetz $f(t + 2) = f(t + 1) + f(t)$ der Fibonaccischen Zahlenreihe erkennen.

Als Lösungen der charakteristischen Gleichung erhält man

$$\lambda_1 = \frac{1 + \sqrt{5}}{2} \quad \text{und} \quad \lambda_2 = \frac{1 - \sqrt{5}}{2}.$$

Aus der Theorie der Differenzengleichungen ergibt sich damit bei noch offen gehaltenem Axiom für die Wachstumsfunktion der Sprachenfamilie des obigen Schemas

$$f(t) = C_1 \left(\frac{1+\sqrt{5}}{2}\right)^{t+1} + C_2 \left(\frac{1-\sqrt{5}}{2}\right)^{t+1}.$$

Die geforderten Anfangswerte für $f(0)$ und $f(1)$ bestimmen über

$$C_1 + C_2 = 1,$$

$$C_1 \frac{1+\sqrt{5}}{2} + C_2 \left(\frac{1-\sqrt{5}}{2}\right) = 1$$

die Konstanten C_1 und C_2.

Als analytische Darstellung der Fibonaccischen Zahlenreihe erhält man damit

$$f(t) = \frac{\sqrt{5}}{5} \left\{\left(\frac{1+\sqrt{5}}{2}\right)^{t+1} - \left(\frac{1-\sqrt{5}}{2}\right)^{t+1}\right\}.$$

Während das Analyseproblem für DOL-Systeme vollständig gelöst ist, stehen bei dem Syntheseproblem noch Fragen offen.

Die DOL-Systeme bieten die Möglichkeit, biologische Entwicklungsstrukturen zu simulieren, ohne jedoch den dabei vor sich gehenden Entwicklungsmechanismus erklären zu wollen.

Dabei sind es zunächst lineare Strukturen, die sich damit behandeln lassen. Greift man zu einer Erweiterung des Alphabets durch Hinzunahme von Metasymbolen, etwa Klammern unterschiedlicher Gestaltung, so lassen sich auch Verzweigungsprozesse sowie das Auftreten spezieller Lagen nach Zellteilungen im Rahmen zwei- und dreidimensionaler Entwicklungsprozesse beschreiben. Es können für einzelne Zellen auch unterschiedliche Entwicklungszeiten in Kauf genommen werden.

Es sei hier ein Beispiel gegeben, bei dem eine Struktur simuliert wird, die links- und rechtsseitige Verzweigungen aufweist:

$a \to bca$

$b \to fd$

$c \to fe$

$d \to f(g)$

$e \to f\langle g\rangle$

$f \to f$

$g \to hi$

$h \to fkl$

$i \to hm$

$k \to f(n)$

$l \to f\langle n\rangle$

$m \to ha$

$n \to hn$

$$\left.\begin{array}{l} (\to (\\ ) \to) \\ \langle \to \langle \\ \rangle \to \rangle \end{array}\right\}\text{ Metasymbole für linke bzw. rechte Verzweigung.}$$

Mit a als Axiom ergeben sich die ersten Wörter wie folgt:

a

bca

$fdfebca$

$ff(g)ff\langle g\rangle fdfebca$

$ff(hi)ff\langle hi\rangle ff(g)ff\langle g\rangle fdfebca$

$ff(fklhm)ff\langle fklhm\rangle ff(hi)ff\langle hi\rangle ff(g)ff\langle g\rangle fdfebca$

$ff(ff(n)f\langle n\rangle fklha)ff\langle ff(n)f\langle n\rangle fklha\rangle ff(fklhm)ff\langle fklhm\rangle ff(hi)ff\langle hi\rangle ff(g)ff\langle g\rangle fdfebca$

Abb. 12.5 zeigt eine graphische Darstellung der sich entwickelnden Struktur.

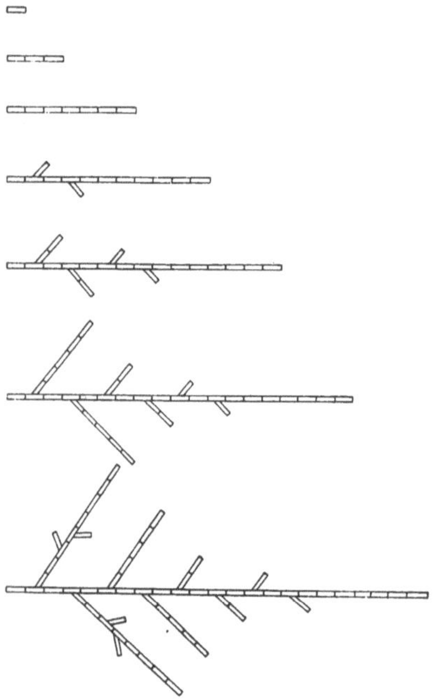

Abb. 12.5. Entwicklung einer Faserstruktur mit beiderseitigen Verzweigungen. Das beschreibende L-System ist im Text angeführt.

Sollen wechselnde Umwelteinflüsse in die Simulation einbezogen werden, wie etwa der Wechsel zwischen Tag und Nacht, oder sollen spezielle Entwicklungsstufen, wie etwa vegetative und reproduktive Periode, berücksichtigt werden, so bieten sich OL-Systeme mit mehreren Tafeln von Produktionsregeln an. Man bezeichnet solche Systeme als TOL-Systeme.

Im wesentlichen stehen derzeit kontextfreie L-Systeme für die Anwendung bereit. Die kontextsensiblen L-

Systeme dagegen sind mathematisch noch nicht vollständig erforscht. Sie bieten sich dann an, wenn Wachstumsfunktionen nicht mehr durch kontextfreie L-Systeme erzeugt werden können.

Abschließend sei noch auf ein in der Biologie anstehendes Problem hingewiesen, nämlich auf das Problem, ob eine totale Polarität sich erklären läßt, ohne daß man auf eine lokale Polarität einzelner Zellen zurückgreifen muß.

Das entsprechende theoretische Problem ist als „French-flag-problem" in die Literatur eingegangen [14]. Vorgelegt sei eine lineare Struktur, die im ersten Drittel die Farbe blau, im zweiten Drittel die Farbe weiß und im letzten Drittel die Farbe rot trägt. Zerbricht man die Struktur, so sollen die einzelnen Teile, soweit sie eine Mindestgröße nicht unterschreiten, in der Lage sein, sich wieder zu Strukturen mit den gleichen Farbverteilungen blau-weiß-rot zu regenerieren. Ein solches Verhalten läßt sich tatsächlich bei L-Systemen ohne die Annahme polarisierter Einzelzellen erreichen.

13. Spieltheorie, Problemlösung und adaptive Algorithmen

Vielfach ist für ein System der Austausch mit der Umgebung wesentlich. Dabei kann man die Umgebung nur in einer ersten Näherung als konstant ansehen. Im allgemeinen wird man von der Vorstellung zweier in Wechselwirkung stehender Systeme auszugehen haben, die dabei einem Gleichgewichtszustand zustreben. Dieser besteht in der Invarianz gewisser Zustandsgrößen, wie beim menschlichen Organismus, z. B. der Körpertemperatur. Man spricht von einem Fließgleichgewicht. Um dies aufrecht zu halten, ist Erhaltungsarbeit nötig. Organismen bestreiten diese durch Absorption von Sonnenlicht oder durch chemische Umsetzungen, etwa durch fermentative Spaltung von Nahrungsstoffen. Das System strebt in Richtung auf einen stationären Zustand einem Minimum der Erhaltungsarbeit zu. In der anorganischen Natur sind ebenfalls Fließgleichgewichte anzutreffen. Beispiele hierzu bieten der Wärmehaushalt der Erde, der Wasserhaushalt und der Sauerstoffgehalt der Atmosphäre.

Auch gesellschaftliche Strukturen sind als Systeme Wechselwirkungen unterworfen. So ist es beispielsweise in einem Industrieunternehmen wesentlich, seine Entwicklung auf ein Fließgleichgewicht mit dem Markt auszurichten.

Die theoretische Bewältigung derartiger wirtschaftspolitischer Probleme war für J. von Neumann und O. Morgenstern das Anliegen für das von ihnen 1944 herausgegebene Buch „Theorie of games and economic behaviour" [15].

Man kann den Ablauf zweier in gegenseitiger Wechselwirkung stehender Systeme mit Hilfe der Vorstellung simulieren, daß zwei Personen gegeneinander spielen und so das Gesamtsystem Zug um Zug ändern. Bei einem determinierten Spiel gibt es jeweils bestimmte Zugfolgen, die sich vorausbestimmen lassen, man spricht von *Strategien.* Anliegen jedes Spielers ist es, jeweils eine für ihn optimale Strategie anzuwenden. Liegen die Verhältnisse so, daß ein für den einen Spieler resultierender Gewinn sich in gleicher Höhe als Verlust für den anderen Spieler auswirkt, so liegt ein sogenanntes *Nullsummenspiel* vor.

Es möge der erste Spieler die Wahl zwischen N verschiedenen Strategien besitzen, der zweite Spieler entsprechend zwischen M Strategien. Nun sei für jede der $N \cdot M$ möglichen Kombinationen der für den ersten Spieler resultierende Gewinn bekannt und liege in einer Auszahlungsmatrix

$$(a_{\nu\mu}), \quad \nu = 1, 2, \ldots, N, \quad \mu = 1, 2, \ldots, M$$

vor. Für den Gegenspieler geben diese Werte jeweils den zu erwartenden Verlust an.

Nun wird im allgemeinen jeder Spieler von der Annahme ausgehen können, daß sein Gegenspieler ihm den jeweils niedrigsten möglichen Gewinn zukommen lassen will; dementsprechend wird er seine eigene Strategie so auswählen, daß für ihn der größte Minimalgewinn garantiert ist:

$$\max_{\nu} \min_{\mu} a_{\nu\mu}.$$

Der Gegenspieler wird aus den gleichen Erwägungen den für ihn kleinsten Maximalverlust anstreben:

$$\min_{\mu} \max_{\nu} a_{\nu\mu}.$$

Dabei gilt stets

$$\max_{\nu} \min_{\mu} a_{\nu\mu} \leqq \min_{\mu} \max_{\nu} a_{\nu\mu}.$$

Die Verhältnisse seien an dem folgenden Beispiel betrachtet.

Beispiel: Mit $N = 4$ möglichen Strategien für einen Spieler und $M = 3$ Strategien für seinen Gegenspieler liege die folgende Auszahlungsmatrix in Form der für ihn zu erwartenden Gewinne vor.

	$\nu \rightarrow$ / $\mu \downarrow$	Strategien des Spielers 1	2	3	4
Strategien	1	−2	2	4	2
des	2	0	1	2	1
Gegenspielers	3	1	5	3	4

Aus ihr ist zu entnehmen

$$\min_{\mu} a_{\nu\mu} = \frac{\nu = \quad 1 \quad 2 \quad 3 \quad 4}{\quad\; | -2 \quad 1 \quad 2 \quad 1} \quad \text{also } \max_{\nu} \min_{\mu} a_{\nu\mu} = 2,$$

$$\max_{\nu} a_{\nu\mu} = \begin{array}{c|ccc} \mu = & 1 & 2 & 3 \\ \hline & 4 & 2 & 5 \end{array} \quad \text{also } \min_{\mu} \max_{\nu} a_{\mu\nu} = 2\,.$$

Es liegt bei dem gewählten Beispiel der Sonderfall vor, daß

$$\max_{\nu} \min_{\mu} a_{\nu\mu} = \min_{\mu} \max_{\nu} a_{\nu\mu} = 2$$

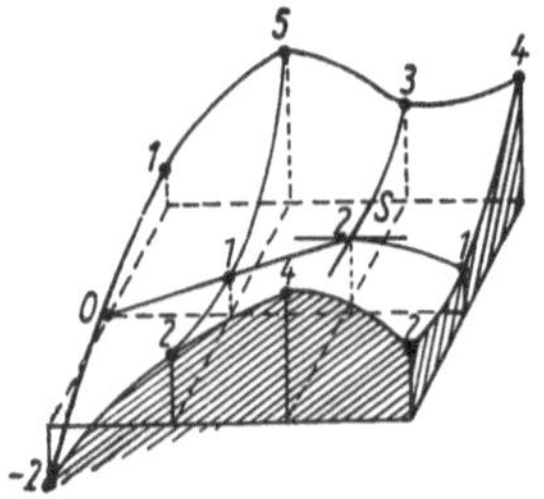

Abb. 13.1. Zum Beispiel im Text.
Das zur Gewinnmatrix gehörige Gebirge besitzt einen Sattelpunkt.

ist. In geometrischer Interpretation der Auszahlungsmatrix als Gebirge liegt ein Sattelpunkt für $\nu = 3$, $\mu = 2$ vor (Abb. 13.1). In diesem Fall ist für beide Spieler das Auszahlungsergebnis

$$a_{\nu\mu} = 2 \text{ optimal.}$$

Der erste Spieler wird die $\nu = 3$ entsprechende Strategie als für sich optimale Strategie wählen, sein Gegenspieler die für $\mu = 2$, da sie für ihn die besten Aussichten (geringsten Verluste) bietet. Jeder der beiden Spieler, der eine andere Spielweise wählt, gibt seinem Gegner eine höhere Chance.

In vielen Fällen wird die Auszahlungsmatrix keinen Sattelpunkt besitzen. Dann läßt sich ein optimales Verhalten nicht mehr für das einzelne Spiel angeben, sondern nur noch für sehr lange Spielfolgen. Beide Spieler müssen stochastisch vorgehen und sich einer „gemischten“ Strategie bedienen. Auf Grund wahrscheinlichkeitstheoretischer Vorhersagen wird es für jeden Spieler eine optimale gemischte Strategie geben, die besagt, mit welchen Wahrscheinlichkeiten er die verschiedenen ihm möglichen Strategien wählen muß.

Die Theorie der optimalen gemischten Strategien führt auf eine Extremwertaufgabe mit Nebenbedingungen. Das Prinzip werde an einem Beispiel dargelegt.

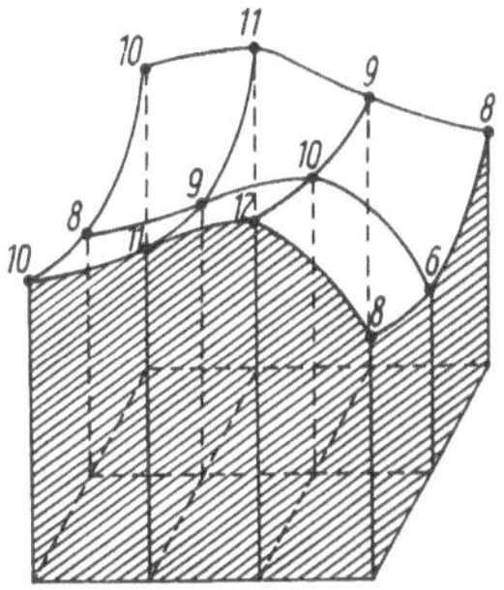

Abb. 13.2. Zum Beispiel im Text.
Das zur Gewinnmatrix gehörige Gebirge besitzt *keinen* Sattelpunkt.

B e i s p i e l: Es liegt die folgende Auszahlungsmatrix vor

μ ↓ $\nu \rightarrow$	1	2	3	4
1	10	11	12	8
2	8	9	10	6
3	10	11	9	8

Abb. 13.2 läßt erkennen, daß hier kein Sattelpunkt vorliegt. Bei vollständiger a-priori-Information können beide Spieler gewisse Strategien sofort ausschließen, da jeweils eine andere, für sie günstigere existiert.

So scheiden für den ersten Spieler aus

Spalte $\nu = 1$, da Spalte $\nu = 2$ in jedem Fall für ihn günstiger ist (größere Gewinne!),
Spalte $\nu = 4$, da Spalte $\nu = 2$ in jedem Fall für ihn günstiger ist.

Für den zweiten Spieler scheidet nur

Zeile $\mu = 1$ aus, da Zeile $\mu = 2$ in jedem Fall für ihn günstiger ist (kleinere Verluste!).

(Zeile $\mu = 3$ scheidet dagegen nicht aus, da es sowohl bei $\mu = 1$ wie auch bei $\mu = 2$ Fälle eines größeren Verlustes geben kann.)

Es verbleibt damit die Matrix

μ $\nu\rightarrow$ $\downarrow$	2	3
2	9	10
3	11	9

Setzt man für den ersten Spieler die Wahl der jeweiligen Strategie im Ablauf einer sehr langen Spielfolge mit p_2 und p_3 an, für den Gegenspieler entsprechend mit q_2 und q_3, so ergibt sich für den vom ersten Spieler zu erwartenden Gewinn nach Beendigung einer sehr langen Spielfolge

$$G = 9p_2q_2 + 10p_2q_3 + 11p_3q_2 + 9p_3q_3$$

mit $p_2 + q_3 = 1$ und $q_2 + q_3 = 1$ als Nebenbedingungen. Um G unter den beiden Nebenbedingungen zum Extremwert zu führen, werden λ_1 und λ_2 als LAGRANGEsche Multiplikatoren verwendet.

$$G = 9p_2q_2 + 10p_2q_3 + 11p_3q_2 + 9p_3q_3 + \lambda_1(p_2 + p_3 - 1)$$
$$+ \lambda_2(q_2 + q_3 - 1)$$

liefert als Extremalbedingungen

$$9q_2 + 10q_3 + \lambda_1 = 0,$$

$$11q_2 + 9q_3 + \lambda_1 = 0,$$
$$9p_2 + 11p_3 + \lambda_2 = 0,$$
$$10p_2 + 9p_3 + \lambda_2 = 0.$$

Somit ist

$$9q_2 + 10q_3 = 11q_2 + 9q_3 \quad \text{und}$$
$$9p_2 + 11p_3 = 10p_2 + 9p_3, \quad \text{d. h.}$$
$$q_3 = 2q_2,$$
$$2p_3 = p_2 \quad \text{und schließlich}$$
$$p_2 = 2/3, \quad p_3 = 1/3, \quad q_2 = 1/3, \quad q_3 = 2/3.$$

Damit ergibt sich als Erwartungswert für die Auszahlung

$$G_{\text{opt}} = 9 \cdot 2/3 + 10 \cdot 4/9 + 11 \cdot 1/9 + 9 \cdot 2/9$$
$$= 9 \cdot 2/3.$$

Jeder Spieler, der bei der Strategienwahl eine andere Wahrscheinlichkeit zugrunde legt, bietet seinem Gegner die Möglichkeit, sich zu verbessern.

In den vorausgegangenen Betrachtungen wurde ein Zweipersonenspiel als ein Gesamtvorgang behandelt. Im folgenden werde es in seinem Ablauf aufgelöst als eine Folge einzelner Züge betrachtet.

Bei einem „Brettspiel" sind Spieler und Gegenspieler getrennt aktiv, sie sind abwechselnd am Zug und überführen das Spiel damit schrittweise von einer Situation jeweils in eine nächste. Man beachte, daß in die eine Situation beschreibende Information einbezogen ist, welcher der beiden Spieler am Zug ist.

Ein solches Brettspiel läßt sich durch ein Graphenspiel simulieren: Man weist jeder Spielsituation eindeutig einen Knoten zu. Zwei Knoten werden genau dann durch eine gerichtete Kante verbunden, wenn es einen den

Spielregeln gemäßen Zug gibt, der zu dem entsprechenden Übergang führt. Durch eine variable Markierung wird jeweils der Knoten hervorgehoben, der der momentan im Spiel erreichten Situation entspricht. Das Spiel verläuft nun so, daß von einem vorher festgelegten Startknoten aus die Marke abwechselnd von Spieler und Gegenspieler

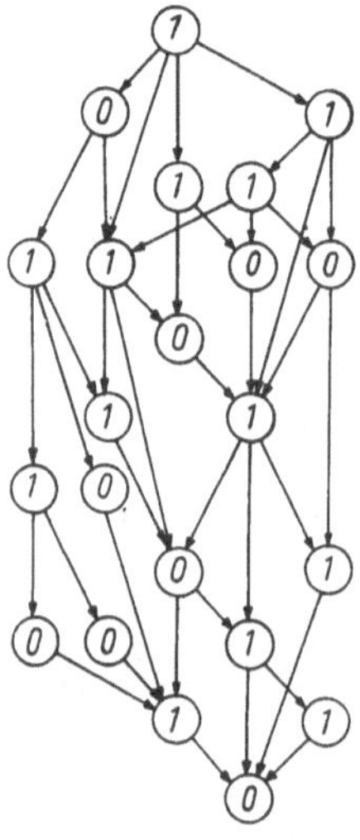

Abb. 13.3. Beispiel eines Graphenspiels
(Die mit 0 markierten Knoten bilden den Kern des Graphen. Der Spieler, der in einen Kernknoten gelangen kann, besitzt die Möglichkeit zu einer Gewinnstrategie.)

in Pfeilrichtung über eine Kante verschoben wird. Beendet wird das Spiel, wenn ein als Gewinn- bzw. Verlustknoten gekennzeichneter Knoten erreicht wird. Dabei kann ohne Einschränkung angenommen werden, daß der Spieler gewinnt, der einen solchen Endknoten erreicht. Einschränkend werde gefordert, daß der Digraph keine Rückführungen besitzt, so daß das Spiel stets nach endlich vielen Zügen zu Ende kommt. Liegen mehrere Endknoten vor, so lassen sie sich zu einem Endknoten vereinigen.

Dann läßt sich eine konstruktive Zuordnung von 0 bzw. 1 zu jedem Knoten wie folgt durchführen (Abb. 13.3):

Dem Endknoten werde 0 zugewiesen. Die weitere Zuordnung erfolgt rekursiv. Einem Knoten wird genau dann eine der beiden Zahlen zugewiesen, wenn alle seine Nachfolgerknoten in Pfeilrichtung schon eine Zuordnung erhalten haben. Und zwar erhält der Knoten eine 0, wenn alle seine Nachfolger eine 1 tragen, sonst erhält er eine 1.

Die mit einer 0 markierten Knoten bilden den „Kern" des Graphen. Wesentlich für die so gewonnene Zweiklasseneinteilung aller Knoten ist, daß jeder der 0-Klasse angehörige Knoten, also jeder Kernknoten, als Nachfolger nur Knoten der 1-Klasse besitzt, von jedem Knoten der 1-Klasse mindestens eine gerichtete Kante zu einem Kernknoten führt.

Für den Spielablauf hat dies die folgende Bedeutung:

Ist ein Spieler durch seinen Zug zu einem Kernknoten gelangt, so kann sein Gegner nur einen außerhalb des Kerns gelegenen Knoten erreichen. Der darauf wieder zum Zug kommende Spieler kann seinen Zug optimal so wählen, daß er zu einem Kernknoten gelangt. Wie der Gegenspieler auch zieht, der Spieler, der einmal zu einem Kernknoten gekommen ist, kann seine weitere Strategie stets so wählen, daß er immer wieder zu Knoten des Kerns gelangt. Da bei einem rückführungsfreien Graph das Spiel nach endlich vielen Zügen zu Ende kommt, wird er in jedem Fall gewinnen können. Das Erreichen eines Kernknotens ermöglicht somit stets eine Gewinnstrategie. Die Kernknoten selbst werden daher auch als „forcing"-Knoten bezeichnet.

Auch Problemlösungs-Probleme lassen sich unter dem Aspekt der Spieltheorie behandeln. Bei einem Problem zur Problemlösung liegt eine Menge von Situationen vor und Aufgabe ist es, von einer initialen Situation ausgehend durch eine Folge von möglichen Operationen — sie wirken sich als Transformationen der Situationen aus — eine Situation mit gewünschten Eigenschaften, eine Zielsituation, zu erreichen. Ein Gegenspieler existiert nicht, es liegt ein Einpersonenspiel vor. Wieder werde ein Digraph zur Beschreibung herangezogen.

Zwei Knoten werden durch eine gerichtete Kante verbunden, wenn eine Operation existiert, durch die die beiden den Knoten zugehörigen Situationen ineinander überführt werden. Knoten, die Zielsituationen entsprechen, werden als solche markiert. Das Problemlösungs-Problem tritt dann in der folgenden Form auf: Von dem initialen Knoten ausgehend ist ein Kantenzug zu finden,

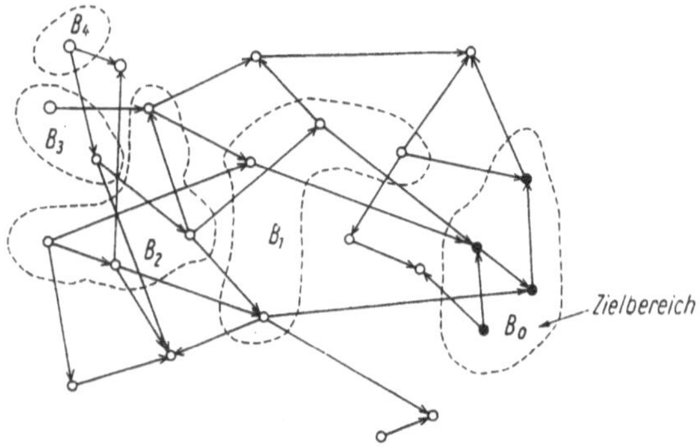

Abb. 13.4. Ausschöpfungsbereich bei einem Problemlösungs-Problem

der in einem markierten Knoten endet. Als spezifische Schwierigkeit erweist sich, daß durch das Fehlen einer numerischen Bewertung (Ordnungsrelation) die bei Optimierungsproblemen verwendbaren Verfahren, wie z. B. die Gradientenmethode, hier nicht zur Verfügung stehen. Man kann daher nur zu heuristischen Lösungsmethoden greifen, die auf einer Strategie beruhen, bei der iterativ Unterziele aufgestellt werden, deren Erreichung angestrebt wird.

Skizziert werde hier ein als Ausschöpfungsstrategie bezeichnetes Vorgehen (Abb. 13.4).

Man definiert eine Folge von Knotenbereichen als sogenannte Teilausschöpfungsbereiche $B_0, B_1, \ldots$ wie folgt:

B_0 ist identisch mit dem Zielbereich, umfaßt also alle Zielsituationen. Die weiteren Bereiche werden dann rekursiv definiert. B_{i+1} umfasse alle Knoten, die nicht in einem vorhergehenden Bereich liegen, die aber durch eine zulässige Transformation in den Bereich B_i überführt werden können. Die Vereinigung aller Teilausschöpfungsbereiche bilden den Ausschöpfungsbereich schlechthin. Er umfaßt alle Situationen, von denen ein Kantenzug zu einer Zielsituation möglich ist.

Ein Vergleich der initialen Situation mit den Zielsituationen wird gewisse Unterschiede zwischen ihnen aufdecken. Andererseits bieten sich aus der Menge der Transformationen bestimmte Transformationen an, die geeignet erscheinen, solche Unterschiede zu beseitigen oder wenigstens zu verkleinern.

In einer „Differenztafel" werden nun alle die Situationen zu einer Klasse zusammengefaßt, für die die Zielsetzung

„Erreiche den Bereich X"

zu dem Angebot eines Unterziels führt, gegebenenfalls zu einem ersten Angebot aus einer ganzen Liste,

„Wende die Transformation t an".

Nun kann der Fall eintreten, daß die entstehende Situation im Anwendungsbereich der angebotenen Transformation liegt; dann ist der Fall trivial: Die angebotene Transformationen läßt sich ausführen, der angestrebte Bereich X wird erreicht.

Im anderen Fall, daß die angebotene Transformation bei der anstehenden Situation nicht ausführbar ist, tritt als neues Unterziel die Forderung auf

„Erreiche den Anwendungsbereich von T".

Dieses Vorgehen findet ein vorläufiges Ende, wenn schließlich die anstehende Situation im Anwendungsbereich der zuletzt angebotenen Transformation liegt. Verfolgt man nun die erhaltene Transformationsfolge von der initialen Situation aus, so kann sich herausstellen, daß sich der gefundene Kantenzug dem Zielbereich zwar nähert, ihn aber nicht erreicht. Dann muß das Verfahren zu der letzten noch nicht voll ausgeschöpften Angebotsliste zurückgreifen und mit dem nächsten Angebot erneut durchlaufen werden. Unter der Voraussetzung, daß die initiale Situation im Ausschöpfungsbereich liegt, gibt es in jedem Fall eine Transformation, die zu einem Erfolg führt.

Nachstehend werden iterative Methoden der Optimierung betrachtet, die zu Algorithmen führen, die wiederum Grundlage für technische Realisierungen von Lernstrukturen bieten [16].

Zunächst sei bei der Optimierung eines anstehenden Prozesses die Bewertungsfunktion für die verschiedenen Varianten a priori voll bekannt. Notwendige Bedingung für das Auftreten eines Extremwerts ist, daß der Gradient, also die partiellen Ableitungen der Bewertungsfunktion nach den die verschiedenen Varianten charakterisierenden Parameter verschwinden.

Ist $c = (c_1, c_2, \ldots, c_k)$ der vektorielle Parameter und $J(c)$ die Bewertungsfunktion, so ist die Auflösung des Gleichungssystems

$$\nabla_c J(c) = 0, \quad \text{d. h.}$$

$$\frac{\partial J(c_1, c_2, \ldots, c_k)}{\partial c_i} = 0 \quad (i = 1, 2, \ldots, k)$$

nach dem Parameter c erforderlich.

In vielen Fällen wird nun eine direkte Auflösung nicht möglich sein. Dann bieten sich iterative Methoden im Sinn einer schrittweisen Approximation an.

Der entscheidende Gedanke besteht nun darin, die Gradientengleichung in der Form

$$c = c - \gamma \nabla_c J(c)$$

anzusetzen, wobei γ eine skalare Größe ist, deren geeignete Wahl für das Konvergenzverhalten des iterativen

Lösungsverfahrens wesentlich ist. Mit $[c]_n$ werde der Parameter nach dem n. Schritt der Approximation verstanden. Dann stellt

$$[c]_n = [c]_{n-1} - [\nabla_c J(c)]_{n-1}$$

den Lösungsalgorithmus dar. Wenn das Verfahren

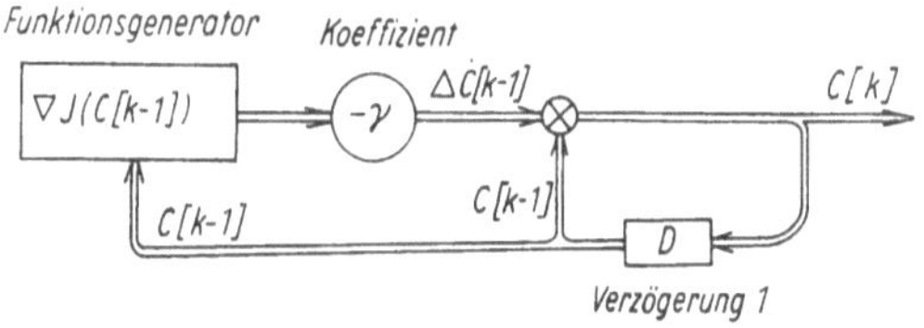

Abb.13.5. Der autonome digitale Regelkreis zur regulären Iteration

konvergiert — eine Frage, die den Rahmen der vorliegenden Betrachtungen übersteigt — so liefert

$$c^* = \lim_{n\to\infty} [c]_n$$

den optimalen Wert für den Parameter und damit die gesuchte optimale Variante des anstehenden Prozesses. Der digitale Regelkreis, der den Algorithmus dieser *regulären Iteration* realisiert, ist in Abb. 13.5 dargeboten.

In vielen Fällen wird jedoch die Bewertungsfunktion a priori nicht vollständig bekannt sein. Dies führt auf Lern- und Adaptionsprozesse.

Die Bewertungsfunktion sei von einer Zufallsgröße x abhängig, wobei die Wahrscheinlichkeitsverteilung dieser Zufallsgröße a priori nicht bekannt ist. In diesem Fall kann eine Optimierung nur in dem Sinn angestrebt werden, daß die mathematische Erwartung der Bewertungsfunktion $\mathfrak{M}xJ(x, c)$ zu einem Extremwert geführt wird. Da aber die Wahrscheinlichkeitsverteilung von x a priori nicht bekannt ist, läßt sich auf die Extremwertbedingung

$$\nabla_c \mathfrak{M}_x J(x, c) = 0$$

die Methode der regulären Iteration nicht anwenden.

Einen Ausweg bietet die als *stochastische Iteration* bezeichnete Methode. Diese besteht darin, daß man die a priori bestehende Unbestimmtheit in der Verhaltensweise durch Akkumulation und Verarbeitung laufender Information während des Ablaufs auszugleichen versucht.

Der entsprechende Adaptionsalgorithmus ist durch

$$[c]_n = [c]_{n-1} - \gamma \nabla_c J([x]_n, [c]_{n-1})$$

gegeben. Abb. 13.6 zeigt den zugehörigen Regelkreis.

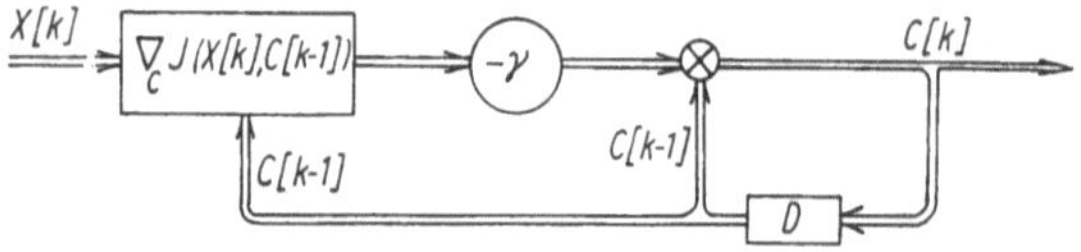

Abb. 13.6. Der digitale Regelkreis zur stochastischen Iteration besitzt einen Input

Man beachte, daß dieser nun nicht mehr autonom ist, vielmehr die Zufallsgröße x als Input erhält.

Dem Begriff Adaption nahe verwandt ist der Begriff Lernen, bei dem die in einem System auf äußere Reize hin eintretenden Reaktionen im Ablauf des Geschehens Änderungen erfahren, die wesentlich auf den Einfluß von außen kommender, sich im Sinn einer Belohnung oder Bestrafung auswirkender Maßnahmen zurückzuführen sind. Durch eine solche Belehrung erhält das lernende System Auskunft über Wert bzw. Unwert der von ihm abgegebenen Reaktion. Von einem selbstlernenden System spricht man, wenn die auf eine erfolgreiche Bewältigung der Umwelteinflüsse zielenden Verhaltensänderungen nicht durch eine von einer außerhalb des Systems liegenden Bewertungsstelle veranlaßt werden, sondern vielmehr auf Grund eigener Erfahrungen des Systems zustande kommen.

Damit der Mensch in seiner Umwelt bestehen kann, muß er die ihm über seine Sinnesorgane zukommenden Informationen mit dem Ziel verarbeiten, dadurch eine

Vorausschau zu gewinnen, die es ihm ermöglicht, zweckmäßig im Sinn eines „Überlebens" auf die Einwirkungen der Umwelt zu reagieren. Um dabei rationell vorgehen zu können, andernfalls wäre er überfordert, ist er bestrebt, aus der überwältigenden Vielzahl der ihm entgegentretenden Situationen Klassen von Situationen zu gewinnen, so daß er Situationen aus derselben Klasse mit der gleichen Reaktion in ausreichendem Maß entgegentreten kann. Klassifikation ist als Mittel der Informationsreduktion wesentlich bei der Situationserkennung. Beispiele hierfür liegen u. a. vor bei der Wetterprognose, bei der medizinischen und technischen Diagnose, bei der Erkennung optischer und akustischer Zeichen.

Im folgenden werde eine technisch realisierbare Struktur betrachtet, die geeignet ist, Zeichen erkennen zu lernen. Dabei wird in einer „Lernphase" eine äußere Belehrung aufgenommen, die Information über die Klassenzugehörigkeit des angebotenen Zeichens gibt. Ziel dieser Lernphase ist, die Struktur des Systems im Sinn einer Anpassung so zu ändern, daß in einer späteren „Kannphase" auch Zeichen in ihrer Klassenzugehörigkeit erkannt werden, die zuvor noch nicht angeboten wurden.

Dabei ist eine Präzisierung des Begriffs Zeichen in der Weise nötig, daß zwischen Zeichen einer Klasse eine größere Ähnlichkeit besteht als mit Zeichen einer anderen Klasse; in mathematischer Formulierung bedeutet dies, daß die den Zeichen entsprechenden Punkte des Merkmalraumes den einzelnen Klassen entsprechend kompakte Bereiche bilden.

Das prinzipielle Vorgehen läßt sich schon in dem Fall der Dichotomie aufweisen, also für den Fall, daß nur zwei Klassen vorliegen. Bei dem von B. Widrow [17] auf der Basis von Schwellenwertelementen entwickelten ADALINE (= adaptive linear neuron) (Abb. 13.7) werden in einer ersten Schicht von dem anstehenden Muster die Merkmale $x_1, x_2, \ldots, x_N$ erfaßt, wobei $x_k = 1$ oder $x_k = 0$ ist, wenn das k. Merkmal in dem Muster auftritt bzw.

nicht auftritt. Über einstellbare Widerstände, die von einer Nachlaufeinrichtung gesteuert werden, werden die entsprechenden Signale mit Gewichten versehen und summiert. Dann wird die Differenz dieser Summe gegenüber der Belehrung gebildet. Diese Belehrung erfolgt mit $y = 1$, wenn das angebotene Muster mit den Merkmalen x der Klasse A angehört, mit $y = -1$ sonst. Die erhaltene Differenz wird nun mit einer skalaren Größe γ und mit den einzelnen Merkmalen $x_1, x_2, \ldots, x_k$ multipliziert und steuert über einen Rückführungskreis die einstellbaren Gewichte.

Der sich damit ergebende Ablauf wird durch den adaptiven Algorithmus

$$[c]_n = [c]_{n-1} - \gamma \cdot ([y]_n - [c]_{n-1} \times [x]_n) \cdot x_n$$

beschrieben.

Man erhält diesen Algorithmus im Rahmen der stochastischen Iteration, wenn man als Bewertungsfunktion die mathematische Erwartung der quadratischen Abweichung einführt, die zwischen der Belehrung y und der die Entscheidung approximierenden Funktion $c \times x$ besteht. Mit

$$\nabla_c (y - c \times x)^2 = -2(y - c \times x) \cdot x$$

ergibt sich der obige Algorithmus.

Nun erfordert der Rückführungskreis zur Einstellung der Gewichte eine relativ aufwendige Technik. In dieser Sicht ist eine von K. Steinbuch entwickelte und als Lernmatrix bekannte Struktur vorteilhafter (Abb. 13.8) [3].

Die Lernmatrix besteht aus zwei sich kreuzenden Scharen von Leitern, wobei an den Kreuzungsstellen eine Möglichkeit zur Bildung bedingter Verknüpfungen vorgesehen ist. Ob diese Verknüpfungen durch Steuerung von Ferritkernen oder auf chemischer Basis durch elektrolytische Prozesse zustande kommen, bleibe hier unberücksichtigt. Die eine Leitungsschar diene dazu, die

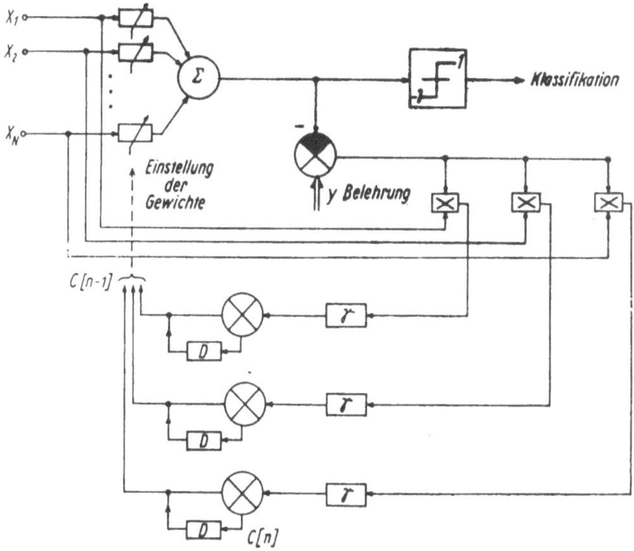

Abb. 13.7. Grundprinzip zur ADALINE

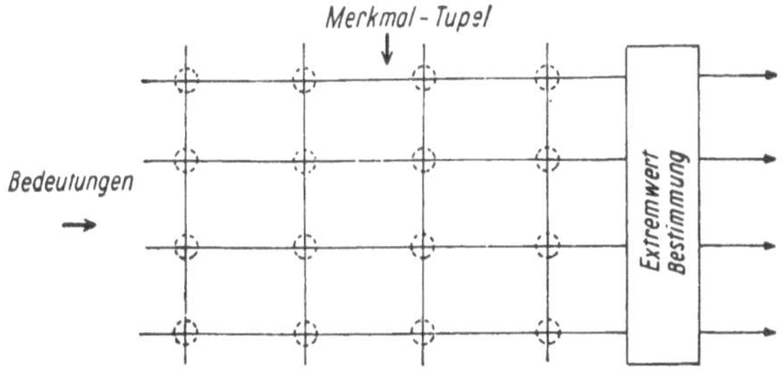

Abb. 13.8. Prinzip der Lernmatrix

Merkmale des Musters einzuführen. Die zweite Leitungsschar kennzeichne die Klassen, also die Bedeutung des Musters. Bei gleichzeitiger Eingabe eines Musters und

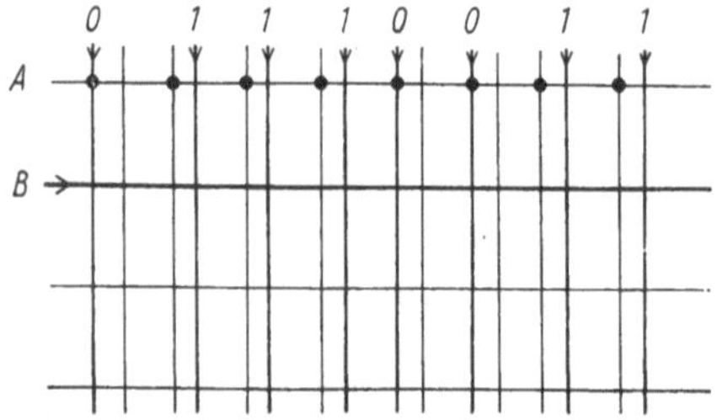

Abb. 13.9. Lernphase: Kodewort 00000000 für *A* ist schon gespeichert, Kodewort 01110011 für *B* wird gerade gelernt.

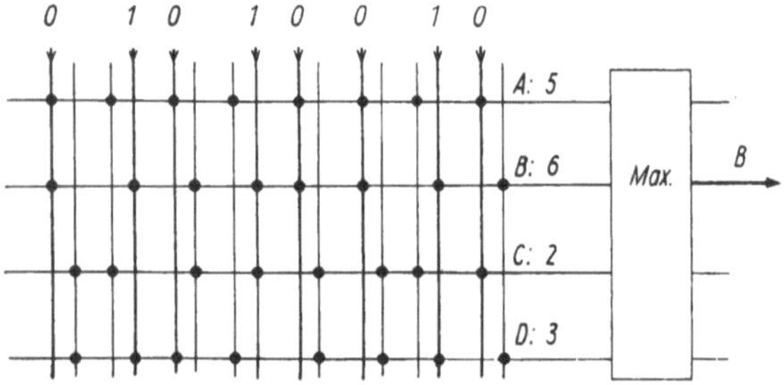

Abb. 13.10. Kannphase: Zweite Befragungsart.
Gelernt sind die Prototypen

A: 00000000
B: 01110011
C: 10111100
D: 11001111

Das angebotene Muster 01010010 wird als zur Klasse *B* gehörig erkannt, da es zu dem Prototyp *B* die größte Zahl von Konzidenzen besitzt.

seiner Bedeutung werden an den Kreuzungsstellen die bedingten Verknüpfungen dem Muster entsprechend verändert. Auf diese Weise werden während der Lernphase gewisse Muster als Repräsentanten der einzelnen Bedeutungsklassen in der Matrix aufgebaut und gespeichert (Abb. 13.7).

In der Kannphase läßt sich eine so belehrte Matrix auf

zweierlei Arten befragen. Bei Eingabe einer Bedeutung liefern die in der betreffenden Bedeutungslinie liegenden zuvor aufgebauten Verknüpfungen an den Ausgängen der Musterlinien das dieser Bedeutung entsprechende repräsentative Muster.

Wesentlicher ist die zweite Befragungsart (Abb. 13.10). Bei Eingabe eines Musters kommen auf allen Bedeutungslinien Summen von Erregungen zusammen, die den Konzidenzen zwischen dem eingegebenen Muster und den in der betreffenden Bedeutungslinie gespeicherten Muster entsprechen.

Die in einer Bedeutungslinie aufgebauten Verknüpfungen der Lernmatrix entsprechen den eingestellten Gewichten eines Schwellenwertelementes. In der Bedeutungslinie werden die gewichteten Inputwerte summiert. In der Lernmatrix werden aber abweichend von ADELINE die Summen der gewichteten Inputwerte nicht einzelnen mit jeweils einer Schwelle verglichen, sondern insgesamt untereinander einer Extremwertbestimmung unterworfen. Dadurch wird als Bedeutungsoutput die Linie ausgewählt, deren gespeichertes Muster die größte Anzahl von Koinzidenzen mit dem eingegebenen Muster besitzt, d. h. die größte Ähnlichkeit besitzt.

Zu interessanten Anwendungen gelangt man durch Schichtung von Lernmatrizen. So kann man beispielsweise die Outputlinien der Extremwertschaltung einer ersten Lernmatrix als Bedeutungslinien einer zweiten Lernmatrix verwenden. Gibt man diesem Dipol als Signale der Außenwelt einen Merkmaltupel ein, so wird in Abhängigkeit von den in einer vorausgegangenen Lernphase eingestellten bedingten Verknüpfungen ein Tupel von Signalen auf den Musterlinien der zweiten Matrix als Reaktion auslaufen. Eine solche Struktur bietet sich als eine Möglichkeit zur technischen Diagnose und Selbstreparatur an.

Abschließend sei hier nur noch darauf hingewiesen, daß man in Weiterentwicklung der skizzierten Möglichkeiten auch zu selbstlernenden Strukturen gelangen kann.

14. Verzeichnis der angeführten Literatur

[1] Wiener, N.: Cybernetics. J. Wiley & Sons, New York 1948. Deutsche Ausgabe: Kybernetik. Econ, Düsseldorf/Wien, 2. Auflage 1963.

[2] Klaus, G.: Kybernetik in philosophischer Sicht. Dietz-Verlag, Berlin 1961.

[3] Steinbuch, K.: Automat und Mensch. Springer, Berlin/Heidelberg/New York, 4. Auflage 1971.

[4] Starke, P. H.: Abstrakte Automaten. VEB Deutscher Verlag der Wissenschaften, Berlin 1969.

[5] Kämmerer, W.: Einführung in mathematische Methoden der Kybernetik. Akademie-Verlag, Berlin, 2. Auflage 1974.

[6] Ashby, W. R.: Design for a Brain. J. Wiley & Sons, New York 1952. 2. Auflage: Chapman and Hall, London 1960.

[7] Shannon, C.: A Mathematical Theory of Communication. Bell Syst. Techn. J. **27** (1948).

[8] Kämmerer, W.: Digitale Automaten. Akademie-Verlag, Berlin, 2. Auflage 1973.

[9] Geissler, E. (Herausgeber): Molekularbiologie. Bibliographisches Institut, Leipzig 1969.

[10] Hassenstein, B.: Wie sehen Insekten Bewegungen? Naturwissenschaften **48** (1961).

[11] Turing, A. M.: On computable numbers, with an application to the Entscheidungsproblem. Proc. London Math. Soc. (2) **42** (136–37).

[12] Lindenmayer, A.: Mathematical models for cellular interactions in development. J. Theor. Biol. (1968).

[13] — L-Systems. Lectures Notes in Computer Science **15**, Springer, Berlin/Heidelberg/New York 1974.

[14] Herman, G. T./Rozenberg, G./Lindenmayer, A.: Developmental Systems and Languages. North-Holland Publ. Comp., Amsterdam 1975.

[15] NEUMANN, J. v./MORGENSTERN, O.: Theory of games and economic behavior. Princeton 1944.
Deutsche Ausgabe: Spieltheorie und wirtschaftliches Verhalten. Physica-Verlag, Würzburg 1961.
[16] ZYPKIN, I. A. S.: Adaption und Lernen in kybernetischen Systemen. Verlag Technik, Berlin 1970. (Übers. a. d. Russ.)
[17] WIDROW, B.: Generalisation and Information Storage in Networks of Adaline Neurons; in: Self-Organizing Systems. Spartan Books, Washington 1962.

Der Autor

- legt die Kybernetik als die Wissenschaft von den allgemeinen Gesetzen der Informationsumwandlung dar

- betrachtet in erster Linie System-, Regelungs-, Informations- und Spieltheorie

- beschränkt sich dabei auf ein Mindestmaß von mathematischen Begriffen

- vermittelt allen Lesern einen ersten Überblick über zentrale kybernetische Probleme ohne Voraussetzung spezieller Vorkenntnisse

FSC
www.fsc.org
MIX
Papier | Fördert
gute Waldnutzung
FSC® C083411

Zeitfracht Medien GmbH
Ferdinand-Jühlke-Straße 7
99095 Erfurt, Deutschland
produktsicherheit@kolibri360.de